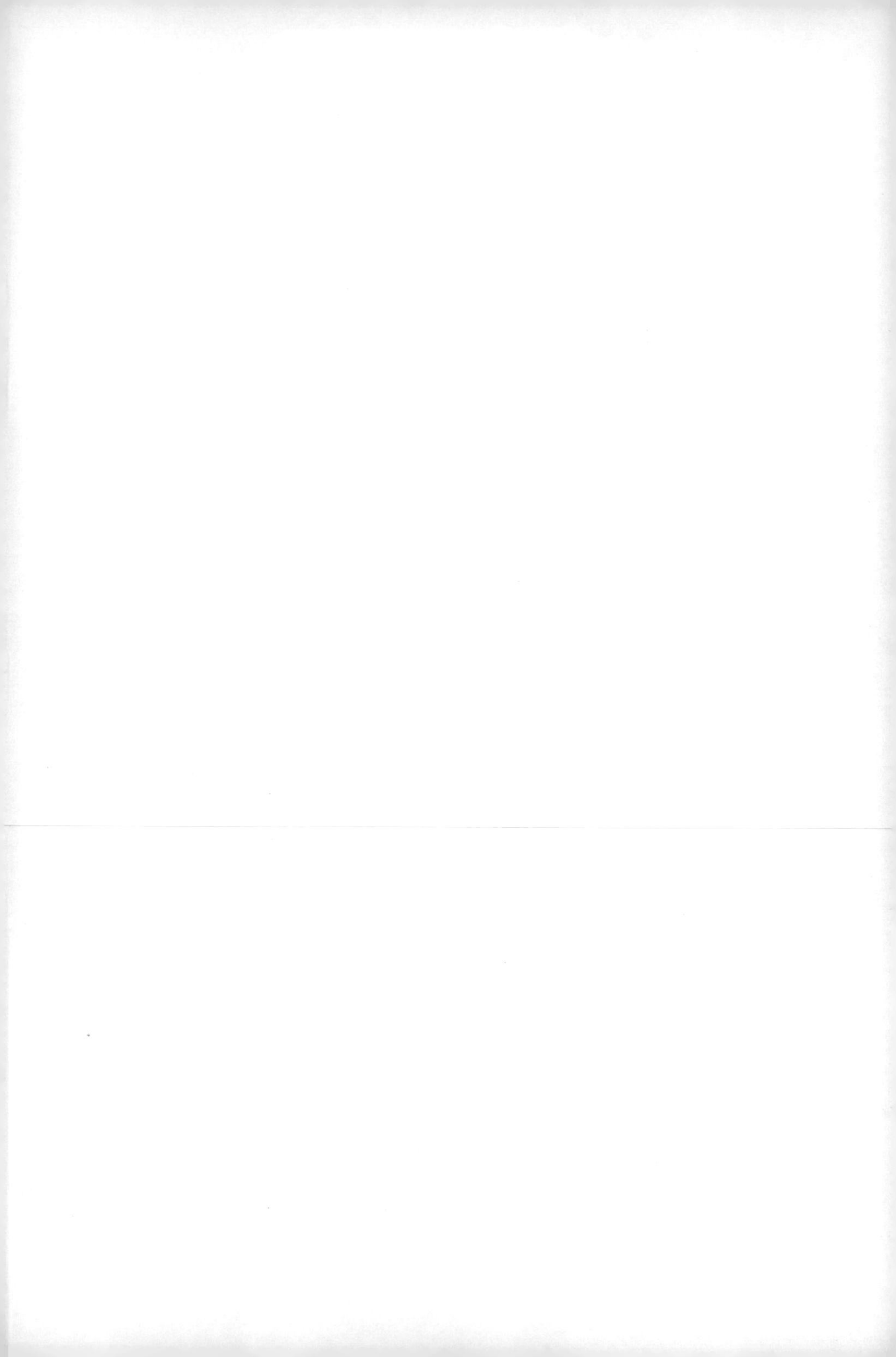

裝死 寄生 拖延

史上最強職場求生術

「先送り」は生物学的に正しい究極の生き残る技術

宮竹貴久 著

高詹燦 著

目錄

序章 弱者得靠「對抗獵食者策略」來求生存

第一章 變化的建議

第二章 拖延的建議

偽裝有效 113

第四章

休息的建議

第五章

寄生的建議

第六章

共生的建議

序章

弱者得靠「對抗獵食者策略」來求生存

上班族和生物皆會面臨自然淘汰

在大都會裡，穿著一身西裝，一手拿著用舊了的名片簿，四處拜訪客戶的上班族，揮汗如雨的忙著趕路。

在商業社會裡身為組織裡的一員，想要活下去，就像活在「不是吃人就是被吃」的世界裡一樣。不是搶到工作，就是被人搶走；企劃案不是被採用，就是遭否絕，當真是攸關生死存亡的競爭。絕不能一直揮空棒。不能說喪氣話。得要餬口才行。還要有一家老小等著要養。

另一方面，在乾燥的灼熱大地——非洲，那裡同樣不斷上演著攸關生死存亡的鬥爭。

在閃耀的金黃大草原，有成群為了活命而吃草的斑馬和飛羚。乍看像是悠閒平靜的時刻，但危險正悄然無聲的逼近，有兩隻母獅子就潛身在數公尺遠的草叢裡。

獅子也必須得填飽肚子，有家人在巢穴裡等著餵養。野生動物的世界，每天都上演獵食與被獵食的戲碼。

就算是單槍匹馬無法收拾的獵物，只要一次好幾隻展開團隊合作，一樣能取其性命。家族的通力合作很重要。雖說是百獸之王，但要是胡亂朝成群的獵物展開襲擊，只會造成獵物往四面八方逃散，最後一片混亂，搞不清楚該襲擊的目標為何，而狩獵也就此失敗收場。

必須縮小範圍，鎖定目標。像體力欠佳、落單的小斑馬，有腿傷在身的飛羚，這些露出破綻的對象，都是絕佳的狩獵目標。

兩隻母獅展開攻擊，小斑馬們慢半拍才發現敵人。雖然也跟著匆忙逃離，但前方埋伏了另一隻母獅。就在斑馬努力想甩開後頭緊追而來的獅子時，那隻早已埋伏好的獅子展開攻擊。

斑馬卯足全力跳躍，後腳猛踢，極力抵抗，本能的展開反擊。但最後仍被這三名獵人扭斷脖子，腿和腹部的鮮肉陸續被撕裂扯碎。

自然界的規則很簡單。強者生存，弱者淘汰。這就是查爾斯・達爾文所說的「天擇」，一種很單純的進化規則。

在此試著以跑得快和跑得慢為例，來解讀達爾文的這項規則。個體的能力有其差異（變異），跑得快的父母會生下跑得快的孩子（遺傳）。跑得較快的動物，能甩開肉食性動物的追擊。肉食性動物的體力也有其極限，會從容易獵食的對象開始獵食（選擇）。在這樣的結果下，跑得快的斑馬會被上天選中，而能留下自己的孩子。能力優異的動物因此得以存活。

這是自然界的法則，不過人類所創建的社會也是一樣。擁有「**道德**」的生物就只有人類，但藉由道德來控制的人類，既然也是在自然界中一路進化而來，便無法完全擺脫這個法則的桎梏。為了不讓敵人吃掉自己而展開行動，在被吃掉之前展開反擊，人類具有此等潛藏的本能。因此我們可以說，人類所建立的組織同樣也暗藏了弱肉強食的結構。

讓我們回到灼熱的大地非洲吧。

三隻母獅子擁有許多孩子，都是同一個父親。獅子狩獵的成功率並不高，只有三成左右。好不容易獵捕到斑馬，孩子們就能免除飢餓之

苦，可以繼續存活一段時日。

獅子採整個家族共同生活，稱之為「獅群（pride）」。獅群裡由一～三隻公獅、多隻母獅，以及牠們的孩子所組成。公獅領導獅群，守護家人不受其他競爭的公獅侵擾。

一旦被其他公獅占領獅群，兩歲以下的小獅子們都會被新的公獅殺害。因為幼獅被殺害後，母獅會暫時進入發情期與新的公獅交配，然後生下新的小獅子，獅群中公獅的基因就此更換。

成為新爸爸的公獅，為了將自己的基因傳給孩子，會拚了命保護家族。在孩子們被趕出獅群、自力更生之前，若不能守住自己的獅群，就無法留下自己的基因。

唯有強者才能生存，但野生的世界可沒這麼單純，不是單單一個「強」字就能說明一切。就結果來看，「**存活者才是厲害**」，這句話可說是生物的歷史。

真正重要的是存活——這句話裡存在著從生物身上學到的「活命的智慧」。

庭院中的「殺戮」

要看清楚這個「不是你死就是我活」的世界，沒必要千里迢迢跑一趟非洲。

住在日本的你我，在自家的庭院裡每天都上演這齣戲碼。

看著在庭院裡四處上演的「殺戮」，我有時會突然感到一股恐懼襲身而來，如果人類變得昆蟲一樣大小，放進庭院裡的話……

像種植在家庭菜園裡的茄子，上頭有許多靠吸食莖直的汁液來繁殖數量的蚜蟲。這時，背上披著紅色斗篷，上頭有黑色七星的「獵食惡魔」會從天而降。用牠堅硬且發達的大顎，大口啃食蚜蟲，牠正是七星瓢蟲。瓢蟲的紅色，是代表危險的紅。

瓢蟲不會將莖上的所有蚜蟲全部吃光。牠會一面將眼前看到的蚜蟲吃掉，一面往莖的頂端爬，然後展開翅膀，飛往其他直莖。因此，那些沒被吃掉，幸運存活下來的蚜蟲意外的多。

不過，敵人可不光只有瓢蟲。

有一片綠葉，上頭有一雙虎視眈眈的眼睛。只要目光一和它對上，瞬間便伸出一條帶有紅色黏液、黏答答的舌頭，纏住獵物的身體加以捕獲。緊接著下一個瞬間，已跑進那誤以為是綠葉的雨蛙口中。那是蚜蟲生前最後看到的畫面。將獵物嚥下肚的雨蛙，眨了一下眼睛，一臉若無其事的模樣，雖然牠一身綠色，但可不見得保證安全。為了察覺出敵人的氣息，牠不時都得繃緊神經注意四周。

鳳蝶為了找尋花蜜而在庭院的花田間四處飛舞。但花田裡躲著一隻和花草同樣一身綠色的螳螂，正高舉著鐮刀，一動也不動的等候蝴蝶飛來。就在蝴蝶為了吸食花蜜而停在花朵上時，鐮刀瞬間一把揪住牠的大翅膀，蝴蝶就此淒慘的命喪螳螂口中。

綻放無數美麗花朵，為我們心靈帶來療癒的庭院裡，每天都有無數的性命被奪走，只是我們忘了。這座綠意盎然的世界，既美麗又殘酷。

若從翠綠的青草上來到地面，危險更是倍增。草叢暗處潛伏著視覺發達的蜘蛛，牠們動作敏捷，一旦獵物被牠們認出是「會動的生物」，就沒有逃命的機會了。

如果傷了腳無法行動，等在後頭的會是一場噩夢。螞蟻大軍將會前來，只要被一隻咬中，存活率便趨近於零。牠們只要一發現虛弱的獵物，便會成群一擁而上，一面撕裂肉塊，一面拖回蟻窩充當食物。

變得虛弱，或是暴露弱點，在生物的世界裡將會丟了性命。

在這種情況下，對於一直都沒學習如何防範自己被敵人獵食的生物來說，根本無技可施。

除此之外，還有小鳥、蜥蜴、蛇，庭院裡有許多更可怕的敵人。被放到庭院裡的「你」，想把你吃掉的獵食者種類繁多。所以一直在這樣的環境下孕育生命的小生物，進化出一套「不讓自己被獵食的技術」。

生物的原點是「生存」

人類的歷史也一樣。更強的男人打贏戰爭，存活下來；更強的男人守住了女人們。你現在能活在這世上，全都拜你的祖先之賜。你的祖先們脈脈相傳的基因，在與敵人（獵食者）和病原體的搏鬥中一路戰勝，或是一路夾縫中求生存，這才將基因傳給了你。

你的祖先想必過了一段很壯烈的日子，躲避肉食性動物的獵捕，忍受疾病，挺過殘酷的戰爭人禍和天災。所以你現在能活在這世上，就

「生物學」來說，已經可證明你是位勝利者。

只要這麼想，應該會對自己現在活在這世上感到自豪。

反過來看，現今的世道容易生活嗎？其實不然。活在這個時代的我們，每天都不斷在戰鬥。儘管不是直接賭上生死，但每天都為了生存而奮鬥。

舉例來說，在各種人際關係中，或許會因為某種情況而成為遭霸凌的一方。小孩和年輕人總想結交夥伴，有了「同一掛」，自然就會有「不同掛」。當兩掛人馬之間勢均力敵時，就成了派系鬥爭，可是一旦雙方的平衡瓦解，位居弱勢的一方就會被欺負，遭對方篡奪權位。雖然殘酷，卻是現實。多感且纖細的青年，歷經和各種對象的消耗戰後，以此做為成長的歷練，存活了下來。

而在大人的社會裡，位居弱勢者挺身與惡勢力對抗，最後將對方打趴的連續劇，收視長紅。有人說這是代替上班族說出心聲，有人說這是個懲惡揚善、簡單易懂的好故事，各種解釋都有。

但身為進化生物學者的我，並不這麼認為。

所謂的進化生物學，簡單來說，就是針對生物在漫長的歷史中如何延續生命，如何讓流傳自己的基因給後世的這項技術更加發達、發展，以科學的方式加以闡明的一項學問。從進化生物學者的觀點來看，「打倒對方，或是被打倒」、「吃掉對方，或是被吃」這種人類為生存而展開的戰鬥，正是我們每天都在上演的劇碼，將它寫實的戲劇化，人們對此產生反應，本能受到刺激，產生自我投影，然後連續劇便大受歡迎。

忍不住暗中將自己的身影與劇中人重疊的我們，是在「道德」與「現實」的夾縫間受苦，名為「人類」的動物。

尤其翻開男人的歷史，可說是一部獵人、支配者的歷史。在自己變為弱勢者之前，會在比自己弱小的人面前展現自己的厲害，令對方服從。而對於完全不是對手的強者，則是戒慎恐懼，用盡各種手段逃離對方。基於這樣的天性，只有存活下來的人成功將基因留給了後代。

如今在我們周遭，有無數的資訊像洪水一樣氾濫。什麼才正確？正確的資訊在哪裡？要加以判斷，可說是既困難又複雜，而我們就生活在這樣的現代社會裡。

被資訊要得團團轉，被迫面對工作的壓力或是人際關係上的麻煩事。只要活在世上，便有斬不斷的苦惱。我們所面臨的這眾多問題，到底該怎麼做才能解決呢？

其實很簡單。進化生物學教導我們，只要重新站在「生物的原點」即可。生物的原點，就是「生存」。

每天都要「求生存」。如果沒能順利活下去，就沒有明天。若能成功「繁衍子孫」，在進化生物學上就算滿分。

向生物對抗獵食者的策略學習！

在生物的世界裡，有獵食者和被獵食者之分。被獅子獵食的斑馬、被螳螂獵食的鳳蝶，以及被強者奪走性命的小生物們，難道就沒有希望嗎？不，其實不然。當你拿「一頓晚餐」和「一生的性命」來比較孰輕孰重，就可清楚明白這個希望為何。

了解生物與不可違抗的敵人對峙時，是如何迴避這樣的事態發生，正是本書的重要主題。各位若能從中得到啟發，讓你在「現今」這個時代順利存活，並成功的一一度過擋在你面前的難關，那將是我最大的欣慰。

這種「順利擺脫敵人攻擊的方法」，在生物學上稱之為「**對抗獵食者的策略**」。

「**獵食**」這種行為，對獵食者而言，不過只是一盤晚餐的選擇。但是對被獵食者來說，卻是性命攸關的大事。工作的分配和公司的人事，不也一樣嗎？對分配者來說，這不過只是他下的一步棋，但是對接受工作分配的人來說，卻是攸關上班族往後人生的大事。

所以被獵食的一方，以及接受工作分配的一方，使出渾身解數採取迴避遭獵食的策略，這也是理所當然的事。

不想被吃掉，就要動用智慧。

想要存活，並非只有採取物理性的戰鬥這個方法。符合進化生物學的正確解答，如前所述，是將自己的基因傳給後代。也就是努力存活，繁衍子孫。

身為進化生物學者的我，對被獵食的生物們「不讓自己被獵食的智慧」做過一番調查。只有專家們才知道的這些知識，是生物們用來提高自己生存率的智慧，應該也能在我們的生活中派上用場。

前面提過，道德是只有我們人類才擁有的特權，但其實許多不具有道德的生物，在進化的過程中學會「不讓自己被獵食的智慧」，也顯得多彩多姿。其中有些做法，以擁有道德的人類眼光來看，可能會覺得有點於心不忍。但如果人都死了，那講道德就一點意義也沒有了。對牠們來說，「自己能存活下去」才是最重要的事。只要不觸犯法律，我們人類不妨也暫時將道德的觀念擱在一旁，試著參考生物們的智慧，應該會大有用處才對。

拖延、擬態、寄生……多彩多姿的絕招

在第一章會介紹，命運並非光憑基因來決定。從最近的進化生物學得知，我們所生存的環境能對你的基因進行修飾，改變你的生活方式。進化生物學教導我們，如何讓我們體內所組成的「**可變基因道具**」顯現，展開自我防衛的智慧。

第二章介紹會將眼前所面臨的問題「**往後拖延**」的生物們。例如什麼時候該生孩子？應該現在就生嗎？還是往後拖延，先活命再說，以後

再生？生物通常會被迫做出選擇。

許多動物進化出一種突然靜止不動的行為，人稱「**裝死**」。這也是將問題往後延，是生物所進化而成的一項技術，可說是「不會馬上就決定問題答案的智慧」。像這種「不決定的智慧」，是積極的停止思考，度過眼前危機，以此活命的方法。

第三章針對生物們為了不被獵食而學會的「**擬態**」這項技術做介紹。模仿天空、海、土壤的顏色，變身成不能吃的東西，模仿難以下嚥的生物，生物們為了生存各顯神通。

「在惡劣的季節，靠睡覺來度過」是我在第四章要傳達的訊息。沒有上班時間和退休制度的生物們，會配合環境變化，巧妙度過「情況不利」的時節。我們也應該學習進化生物學式的休眠方法。當寒冬來臨時，生物們會蟄伏不動，進入「**冬眠**」。每當秋天到來，牠們為了忍受寒冬，會積極的改變體內的結構。

生物進化的歷史，可改說成是和「**寄生**」對抗的歷史。在第五章，我們想針對在生物界蔓延的寄生，以及抵抗寄生的行為，來取經學習。

若以進化生物學的觀點來說，我們可以明白，弱者想以自立自強為目標，根本就搞錯方向。弱者們勢必得針對彼此的弱點來互補。就像鮣魚一樣，借助強者的力量來求生存，這也是一種「聰明人的生存方式」。

第六章會介紹相去不遠的「寄生」與「**共生**」。若以進化的觀點來看，可以從中明白，許多寄生者在不知不覺間採取了一種和宿主共生的生存方式。寄生者與被寄生者之間，有時會發展成共生的關係。

看來，兩者在歷史上的關係長短是關鍵。舉例來說，就像人類和細菌。我們受細菌保護，而細菌也在你的保護下生存。不知從什麼時候起棲宿在你腸道裡的細菌，一旦少了它，我們甚至連消化食物都辦不到。

我在前面提到，就進化生物學的觀點來看，能存活下來的才是正確。這點從歷史來看，同樣昭然若揭。織田信長、豐臣秀吉、德川家康，這三人在亂世中存活的不同模式，常被人拿來當例證。信長有志向和夢想，從秀吉身上感覺得到「只要肯做就辦得到」的希望。但就進化生物學的觀點，真正符合正確生存方式的人，無疑是家康。

信長死於本能寺之變。秀吉的嫡子秀賴在大坂夏之陣自殺身亡，就此斷絕血脈。而另一方面，年輕時便充當人質，給人狡猾形象的家康，生下十一男五女，其子孫歷經江戶幕府的終結，至今依舊繁榮。

若以進化生物學的觀點來思考，假設信長和秀吉的生存方式為零分，家康的生存方式則高達一百分。

那麼，我們就馬上來了解，從進化生物學中學到的「存活的建議」究竟是什麼吧。

第一章

變化的建議

DNA的「通融性」和「適應力」

為了不讓自己累積壓力，生活方式的切換顯得尤為重要，也就是要機靈。

現代的進化生物學教會我們，進化是將「**通融性**」這種機靈加進生物的DNA當中。而生物在進化的過程中，學會對自身所處環境的一份巧妙的「**適應力**」，這點我們也可以從進化生物學中學到。

如同我在序章所提到的，所謂的進化生物學，是針對長達三十六億年的生物歷史中，每個生物是如何存活，為了將自己的基因傳往下一代，發展出何種方法，以科學的方式加以調查的一項學問。

調查的方法很多樣，除了調查生物的種類，觀察其生活樣貌外，還可調查體內產生的荷爾蒙，看其功能結構會因不同的物種而有何種差異。

此外，還能比較化石，思考更適合的生物樣態，或是在實驗室裡培育好幾代的細菌或蒼蠅等生物，試著改變溫度，持續培育數年後，觀察會產生何種進化。或是直接抽取出生物的ＤＮＡ，比較其密碼的差異，看在不同密碼下製造的蛋白質會如何改變，並加以重現。

進化生物學確實是對生物學構築的知識加以徹底運用的總體戰。

生物會自在地「變樣」！

達爾文主張，生物光憑適者生存的原則和基因結構，就能進化。但根據最近的進化生物學研究結果，顯示出「光憑基因無法決定生物的命運」這項事實。這稱作「表型的可塑性」，透過生長的環境來修飾基因，為了適應自己所遭遇的環境，生物可以切換其樣貌和行為，以求生存。

舉例來說，儘管是擁有同樣ＤＮＡ的蒲公英，倘若是在溫暖的季節生長，就會長成高大的類型；但如果是在寒冷的季節生長，就會長成宛如在地面爬行般的草型，名為「rosette」。而擁有同樣DNA的鳳蝶，如果是春天羽化，體型較小，且翅膀的圖案清楚；但若是夏天羽化，則翅膀較大，圖案模糊。

此外，爬蟲類的母親產下的孩子是公是母，不是看基因，而是由溫度決定。舉個例子，巴西龜當溫度超過三十度時，母幼龜誕生的比例會大增；但如果是在二十九度以下，則全部都會是公龜。

像這種表型的切換，可以不必伴隨DNA的基因變化，自己進行。在這種個體的成長或細胞生長的過程中，會藉由控制基因功能的不同方法，而在生存策略上產生差異。

早在半世紀以前，英國的胚胎學學者康拉德・哈爾・沃丁頓（Conrad Hal Waddington）便替這種現象命名為「**表觀遺傳**」。

自二〇〇〇年以後，DNA解析進步，陸續證實此種現象在基因層級上實際發生，而在現代進化學中也對它增加了不少關注。

這是物種本身「進化」，不是會傳給後代子孫的進化，而是個體層級的一種「**變樣**」。像這種個體的通融性，可稱之為物種的「餘裕」，打從一開始就已存在於基因中，這點已逐漸獲得認同。

命運不是光憑基因決定

父傳子，子傳孫，生物會超越世代，不斷變化。變化為生物帶來了多樣性。

在此刻，許多生物仍持續變化。而另一方面，人稱「活化石」的腔棘魚，外型幾乎與七千萬年前沒什麼兩樣，一直存活至今。不僅如此，牠的ＤＮＡ變化速度與其他動物相比，也顯得極為緩慢，此事是最近經華盛頓大學研究才查明得知。

但為什麼會有這種「不變化的生物」呢？答案是「視環境而定」。

當環境維持不變時，生物沒有進化的迫切性。而另一方面，在變動的環境下，為了適應新環境，只有進化的生物超越世代存活了下來。這就是達爾文提倡的進化論。

但如前所述，生物個體也會因應在成長過程中遭遇的環境變化，改變自己的身體，具有此種「表型可塑性」的能力。例如會隨背景變換體色的變色龍能力，或是小時候染病後，便會將這種疾病的細菌認定為異物的免疫力，也算是此種能力。

換言之，儘管同樣誕生在這個世上，但「通融性高的個體更容易存活」。

舉例來說，我們人不光要忍受壓力，懂得機靈的轉換心情也很重要。這一切全憑「你」的想法而定。

長期以來，從達爾文的時代一直流傳至今的生物學常識告訴我們「所有的悲劇都是父母的基因所造成」，但現代的進化生物學則教導我們，實在沒必要為此悲嘆。你也能因應環境巧妙地改變自己的生存方式和態度，藉此獲得一個沒壓力的人生。

垃圾DNA是開關

生物的變化樣貌，就像朝令夕改一樣，這點從DNA的層面就可看得出來。

大約在十年前，人們一直都認為DNA的排列中，被翻譯為蛋白質，形成生物特徵的部分不到一成，剩下的九成以上是不具任何功能的「**垃圾DNA**」。垃圾DNA的別名為「**垃圾基因**」，被視為跟「垃圾」一樣。

基因是從DNA遺傳資訊排序中的某些特別排序資訊所組成。DNA是腺嘌呤（A）、胸腺嘧啶（T）、胞嘧啶（C）、鳥嘌呤（G）這四種鹼基相連的兩股平行的螺旋長鏈。這四個鹼基的排列中，相鄰的三個鹼基其排列方式會成為密碼（遺傳密碼），對應胺基酸，製造出我們生存所需的蛋白質。胺基酸製造蛋白質，控制我們身體的構造、代謝、記憶。臉的長相、學習能力、體質、對疾病的免疫力……這些都會因人而異，而造成這些差異的，就是每個人不同的遺傳密碼。雖然現在已經不需要，但人類在進化成哺乳類之前一直都派得上用場的ＤＮＡ，以及用來對抗遠古時傳染病的ＤＮＡ，都一直沒捨棄，仍留在我們體內。因此很單純的被解釋成是沒必要的垃圾ＤＮＡ，是過去所留下的遺產。

然而，近來逐漸明白，在垃圾ＤＮＡ領域裡，其實有個「開關」，扮演著讓生物的表型產生變化的重要角色。換句話說，最近的分子生物學的進展，正逐漸解開這個秘密，明白這占有九成之多的垃圾ＤＮＡ當中，許多都扮演著開關的角色，用來切換成平時不會使用到的「另類生存術」。

扮演這開關角色的ＤＮＡ部分領域，稱作「**啟動子**」和「**強化子**」。啟動子在決定好的鹼基序列（大多為「ＴＡＴＡ」）中展開，每個基因都有像這樣的開關。

遠離啟動子ＤＮＡ長鏈的部分，有幾個名為強化子的領域，會和啟動子一起動作，控制基因的開關。強化子協助啟動子顯現，扮演了像加速器般的角色。

當無法控制某個基因何時、何地、如何顯現時，就會有麻煩事發生。如果在幼稚園的兒童身上顯現男性荷爾蒙或女性荷爾蒙，在三到五歲的年紀就性成熟的話，會是怎樣的情形呢？整個社會結構將會天翻地覆。讓毛根活化，促進長髮的細胞，如果在鼻子四周顯現的話，這同樣很令人傷腦筋吧。

每個基因都必須在適當的時機、適當的場所顯現才行。

或許各位會覺得很不可思議，構成我們身體的細胞，全都有相同的ＤＮＡ序列。所有基因若同時在所有的細胞上顯現，那將會陷入混亂狀態。為了不造成混亂，控制的機制絕對不可或缺。

正因如此，讓甲殼素的指甲顯現的基因、長頭髮的基因、製造精子和卵子的基因，分別都會在適當的時機和場所被讀取，形成胺基酸，製造出組成我們身體的適切蛋白質。

因應自己所處的狀況，改變做法——這也和如何對待他人很類似。人多的一方很容易會否定人少的一方，但只要人多的一方露出破綻，少數的一方也會嘗試反擊，這從國際政治的世界，乃至於學校的人際關係，都有雷同之處。

不論是組織還是個人，有時都應該視情況改變外觀或生存方式。在書店翻開業務員的指南書，上頭介紹的內容也很類似。例如說，唯有能將商品、顧客、自己的個性和特質，準確地對應「需求」這項環境的人，才能成為頂尖業務員。

因應所處的狀況加以變化。只要回到生物的原點來思考便會發現，早從數億年前開始，生物們一直都這麼做，是很理所當然的事。所以各位大可放心。包含你在內，生物沒那麼脆弱。就算沒改變基因，你的DNA當中也早就備有「能因應環境變化的基因道具」。

基因減肥

在我們的日常生活中，也能親身感受到讓表型產生變化的開關所具有的影響力。舉個例子，就算是天生注定罹患代謝症候群的人，只要透過適當的運動，一樣能切換體內的身體結構，改變代謝效率。

世上有一定比例的人，天生就具有易胖的遺傳要素。瑞吉兒・貝特漢（Rachel Batterham）博士等人每隔一段時間就抽血，從中查明體內的肥胖荷爾蒙量上升，因而產生空腹感。光是在看到高熱量食物的刺激下，大腦就會產生反應，而不小心吃太多。

根據博士們的研究，他們也能透過適度的運動，令ＤＮＡ的指令產生變化，控制空腹感，消除肥胖的問題。換句話說，透過改變生活習慣來操控天生的基因開關，這是我們原本便具備的能力。

也就是說，只要懂得打開開關的方法，你的生活方式和人生都能有大幅改變。

就像這樣，現代的進化生物學證實，我們生物並非「一切全由基因決定，只背負著唯一的命運」。是不是有種得救的感覺呢？人格、個性、能力，並非一〇〇％固定，而是能藉由我們身處的環境來改變。

舉個例子，若問到基因和環境分別會以多大的比例影響表型，我們可以說，圖形或圖案的認知能力，三〇％是由生長環境來決定，寫文章的能力則有八六％是由環境決定。個性是否率直，五〇％由環境決定。內向外向，則將近六〇％是受成長過程左右。

命運並非光憑基因決定。就試著相信自己體內的ＤＮＡ所潛藏的可能性吧，生物們便是藉由這種具可塑性的ＤＮＡ顯現來度過危機。

就算面對困難，也絕不能被「我或許沒希望了」這種暫時的情感所吞沒，因為我們天生就具有可以適度改變自己樣態的基因道具。

頭部變大的蝌蚪

來看幾個具體的生物案例吧。

每到春天，池塘或水灘裡就滿是蝌蚪。牠們在滿是獵食者的池塘裡，竟然能讓那半透明，而且厚皮的頭部膨脹成兩倍大，以避免遭到敵人的吞食，牠們體內的DNA中就是具有改變外貌的通融性。一旦察覺到敵人的氣息，牠們就會馬上改變外貌，巧妙地躲過敵人的攻擊。

山椒魚就是會一口吞掉蝌蚪的獵食者。蝌蚪只會在有天敵山椒魚的幼體在的時候才會「變身」。因為山椒魚無法一口吞下頭部變大的蝌蚪。

自二〇〇四年起，岸田治博士（北海道大學）陸續以棲息在北海道池塘裡的北海道林蛙的蝌蚪及其天敵蝦夷山椒魚進行實驗，發表了驚人的結果。博士首先調查蝌蚪們是如何掌握到同一個池塘裡潛藏著敵人。就此查明，蝌蚪在實際與獵食者有過身體接觸的經驗下，讓頭部膨脹變大。

對棲息在池塘裡的蝌蚪來說，最大的威脅並非山椒魚。蜻蜓的幼蟲水蠆也愛吃蝌蚪。水蠆無法將北海道林蛙的蝌蚪一口吞下，所以牠會先一口咬住蝌蚪，再將牠的肉撕裂。這麼一來，不管頭脹得再大，也無法加以對抗。所以蝌蚪學會另一種對抗水蠆的變身術。

在實驗中，與水蠆住在一起的蝌蚪，不光是將頭部脹大，尾鰭的皮膚也會變厚，並提高它的縱向高度。藉由縱面加大，強而有力的尾鰭，當遇到敵人襲擊時，可透過提升的肌肉力量，更敏捷地改變游泳方向。這樣還兼具瞬間衝刺的推進力，能逃離水蠆的獵食。

蝌蚪就是像這樣認清敵人的類型，以此自行改變防衛方法。

但為什麼蝌蚪不一生下來就讓頭部變大、尾鰭增高呢？如果一開始就具有這樣的特質，不就隨時都很安全嗎？

其實，頭部變大、尾鰭增高的蝌蚪有其弱點。牠們與舒適地生活在沒有敵人的環境下的蝌蚪相比，成長較慢，變態（也就是變成青蛙）的時間也會大幅延遲。換句話說，變身成「防衛類型」，需付出代價。

岸田博士對於北海道池塘裡滿滿都是山椒魚幼體和蝌蚪一同共存的光景，與放入水槽時，山椒魚的幼體陸續吞噬蝌蚪的情況，覺得有很大的落差，對此感到奇怪。如果山椒魚會吞食蝌蚪的話，那麼，有山椒魚在的池塘裡，蝌蚪的數量未免也太多了吧。

博士的此一疑問，後來因一個驚人的事實而得以解開。山椒魚會吞食比自己小的同種類山椒魚幼體。也就是會「同類相食」。

蝌蚪讓頭部膨脹變大後，山椒魚便沒食物可吃。這時，山椒魚會開始改吃體型比自己小的同類幼體。與其說這是防衛類型的變身，不如說是蝌蚪促進敵人同類相食的高明策略。

當有多個集團處於緊張關係時，先讓其他人互鬥的戰法，我們所熟悉的戰國歷史早已教會我們。這就是計謀。

而這正是山椒魚和蝌蚪得以在同一個池塘裡共存的機制。

我們從蝌蚪身上學到的，是根據經驗察覺危險，以此改變自己的這項能力重要性。還有，辨識出多種敵人的差異，因應不同敵人改變防衛戰術，並將這份通融性加進DNA中。以此面對生活的人類，同樣也是生物，這點要有所認知。

這樣說對青蛙有點失禮，不過蝌蚪其實也會察覺出自己所處的環境，巧妙地改變自己的樣貌。我們人類的DNA當中，肯定也隱藏了無數的開關，能因應所處的環境條件，發動讓自己巧妙活命的方法。我們應該能巧妙地利用這項功能才對。

朝令夕改是生物的防衛戰術

蝌蚪變成青蛙的「變態」，以及爬蟲類變色龍的「變身」，這些生物具有的能力非常有名。此外，就連身長僅有五毫米的水蚤，只要一接

觸有獵食者氣味的水，身上就會長角變身，不讓敵人吞食自己，各位知道嗎？牠們不是解讀「現場的空氣」，而是解讀「水中的氣味」。

自古就知道有長角的水蚤和沒長角的水蚤之分。

一九八一年，史丹利・多德森（Stanley Dodson）博士（威斯康辛大學）等人提出報告，說他們將水蚤加進有體型較大的獵食者孑孓存在的水中，結果水蚤一感覺到氣味，馬上長出角來。

長角的水蚤不易被孑孓這樣的獵食者吞食。

不過水蚤要變身成這種長角的防禦形態，必須在母親腹中時，就已讀取過水的氣味。遇上獵食者後才長角，水蚤可沒這麼機靈。在牠們成長的早期階段，藉由水中的氣味解讀出「有獵食者在」的訊息，而打開「長角！」這個基因迴路的開關。

但為什麼不是所有水蚤打從一出生就長角呢？

長角的水蚤和沒長角的水蚤，其成長速度的差異藏有秘密。拉爾夫·托利安博士（馬克斯普朗克學會）證實，長角的水蚤成長速度慢，繁殖率也比較小。長角與生長，水蚤無法兩者同時兼顧。此稱之為「**二律背反**」。

也就是說，和蝌蚪一樣，水蚤在防衛方面也付出了代價。

生物只有在需要防衛時，才會犧牲某一方面，啟動防衛開關。沒有敵人時，不會將資源分配給需付出代價的防衛上，這是進化生物學的原則。

解讀出水的氣味，而使對抗敵人的能力產生進化的生物，除了水蚤外，已知魚類當中的刺背魚也屬於這種類型，這是許多生物都會採用的防衛戰法。

當環境產生變化時，就會像這樣加以因應，改變既有生存方式的生物案例可說是不勝枚舉。

隨著環境（景氣）、競爭對手（其他公司）、天敵（上司），而機靈地改變樣貌以求存活。

只要自己無法存活，一切希望就全沒了。唯有這種不受立場和道理束縛，朝令夕改的戰術，才是生物的原點、正確無誤的生存方式，這是進化生物學所教導的道理。

比起「誕生」，「生長」更為重要！

每個人小時候在暑假期間都很熱中於頭上長角的公獨角仙。獨角仙隨著公母的不同，體型大小相差懸殊。每隻母獨角仙的體型相差不大。

但公獨角仙卻可分成體型碩大，且長著氣派大角的大個子，與重量不到其三分之一，而且頭上的角也小得可憐的小個子。而且獨角仙的體型愈大，角也就愈長。

公獨角仙會仗著牠的大角，為了爭奪樹液而展開戰鬥，將對手拋飛。因此，擁有大角的公獨角仙，在戰鬥時比較有利，可以將前來吸食樹液的母獨角仙全部據為己有。

那麼，獨角仙頭上角的長短，是由基因決定的嗎？還是經由生長過程來決定呢？

高個子的男性往往比較有女人緣，而這同樣也可以替換成是因為遺傳還是生長的問題。生物的體型大小不一，一般來說，受基因的影響比較大。人類也一樣，高個子的父母所生的孩子，往往個頭也高，應該每個人都會有這樣的直覺對吧。

然而，目前已得知，公獨角仙頭上角的大小不是取決於基因，而是生長環境的營養條件。獨野賢司博士（東京學藝大學）等人養育許多獨角仙父子，測量其角的長度，結果提出報告指出，獨角仙頭上角的長度，九五～九九％不是取決於基因，而是環境。生長的環境，也就是在營養豐富的腐葉土下生長的公獨角仙，會擁有大角。重要的不是遺傳，而是生長。

根據二〇一二年北海道大學後藤寬貴博士等人的報告指出，外國的鍬形蟲大顎的大小，一〇〇％是取決於生長環境因素。不過，大顎和體型的關係，與環境因素一樣，似乎也和遺傳因素息息相關。為了戰鬥而擁有大顎的公鍬形蟲，如果沒有足以支撐其大顎的碩大體型，就平衡的觀點來看，一樣無法戰鬥。如果這樣想的話，便不難理解。

反觀我們人類，日本人的平均身高在戰後愈來愈高，怎麼看都覺得不是遺傳的效果，而是飲食文化改變所致。這或許也可說是表型可塑性所造成的結果。

相較於背負何種基因誕生，在何種環境下養育孩子更顯重要，這是日本的獨角仙教會我們的道理。

生物的成本效益計算

在同一個市場出現競爭公司時，你的公司有兩條路可走。

①徹底和競爭公司競爭，成為業界龍頭。

②鎖定已經被搜刮殆盡的市場以外的獵物（開拓新興市場）。

其實這和生物耗費數萬年的光陰進化而來的原理相同。

我們來看看綠豆象這種甲蟲在進化過程中所學會的戰略吧。這種甲蟲的成蟲會在紅豆之類的豆子中產卵，幼蟲在一顆豆子中生成，並以豆子當食物。當做為資源的豆子數量減少時，綠豆象的父母只好一次在一顆豆子裡產下多顆卵。

因此，在同種類的綠豆象當中，會分化成兩種集團，各自採取兩種截然不同的生存方式。一種是在同一顆豆子裡長大的幼蟲互相殘殺，戰勝的一隻成為體型較大的勝利者，長大成為成蟲。也就是選擇「市場獨占型生存方式」的集團。

而另一個則是完全不會在同一顆豆子裡互相殘殺，最後全都長大為成蟲，變成講求和平的集團，但這群和平主義者，付出的代價就是不會長成碩大的體型。由於均分同一個市場，所以只能長成較小的體格。

於是有幾對父母，不得不放棄那大片的紅豆資源，改為四處尋求數量更多，但體積較小的豆子，例如豇豆。牠們可說是「新興市場的開拓者」。

而豆子的種子也沒對牠們認輸。有些豆子的種類會展開防衛，讓外殼變硬，與綠豆象對抗，不讓牠們潛入。

此外，有些豆子採取另一種不讓綠豆象潛入的策略，大豆就是其中之一。大豆準備了綠豆象不易消化的物質來加以對抗，許多綠豆象無法以大豆當食物。在實驗中得知，綠豆象當中只有少數的比例可以消化大豆中的成分，平安長大。

吃與被吃的關係，到處都在磨練此種攻防戰略。

當我們陷入困境時，只要採用進化生物學的觀點來思考該採取何種策略，就能明確地找出答案。與競爭對手做比較，思考「是否有成為第一的可能性」。

當出現無法戰勝的競爭對手時，要推測自己照目前的做法，可以在排行第幾的順位下存活，或是摸索看有沒有機會成為第一名的跟班。當判斷兩者都有困難時，就只能另外找尋新興市場開創新局了。

一路進化而來的現存生物，都是時時藉由這樣的選擇所帶來的「**成本效益（Cost benefit）**」而存活下來，堪稱「歷史上的勝利者」。

蚜蟲的「拖延戰術」

應該在防衛上付出多大的代價，這全視敵人而定。

如果沒有敵人，就可以不必耗費防衛費，但沒有敵人的世界根本就不存在。因此，察覺敵人的數目，視情況採取自衛的這種平衡感顯得尤為重要。昆蟲在進化的過程中，也巧妙的以此對應。

讓我們試著在庭院裡種植花草和蔬菜，來觀察長莖上聚集的蚜蟲吧。

蚜蟲可分成兩種類型。一種是以一般的方式長大，負責生產的「**工人**」類型；另一種則是口器變得又尖又硬，俗稱「**士兵**」的士兵蚜蟲。在這廣大的世界裡，有的蚜蟲會在樹枝上製造蟲癭，幼蟲們在裡頭迅速成長。對蚜蟲一家來說，蟲癭是養育家人的家庭。而士兵蚜蟲則是在蟲癭遭遇敵人攻擊時，會從裡頭跑來出，毫不留情的以口器刺向敵人，注入毒素。

蚜蟲當中也有這種「士兵」的存在，這是日本研究學者青木重幸老師（北海道大學，以下皆是指發表研究報告的當時）領先全球的新發現。

因此，只要搖晃有蚜蟲的樹木，就只有士兵會像下雨般掉落。被刺中時，會有刺痛感，所以像鹿之類的動物會留下刺痛的記憶，日後再次要吃這種樹葉時，會躊躇猶豫。對植物來說，士兵蚜蟲的存在，有可能是一種助益。

而有趣的是，士兵蚜蟲在家庭成員中能保有多少數目，這得「視情況而定」。

當時常遭受敵人攻擊時，母親就會產下許多士兵；然而，當不再遭受敵人攻擊時，就不會再產下士兵，蚜蟲母親會希望盡可能將生產士兵的事「**往後拖延**」。重要的是「事先學會準確察覺潛藏在自己周遭的敵人數目與質量的能力」，這是蚜蟲教會我們的道理。

當人生遭遇瓶頸時，答案就存在於進化生物學中。生物不斷獲得能因應情況改變的能力，其可塑性的基因，肯定就沉睡在同樣身為生物的你我體內。

第二章

拖延的建議

上司與部下是天敵與食物的關係?!

一般「拖延」都給人不好的印象。工作、念書、家事，一旦拖延，往往最後爛攤子又會回到自己身上，但其實拖延是許多生物在進化過程中所學會的聰明求生戰術。

生物們時時都被迫得針對眼前所處的狀況做判斷，現在該這麼做嗎？還是該留待以後再處理？

當遭遇敵人襲擊時，不是選擇逃跑，而是採取拖延戰術，這麼做有時反而奏效。

本章打算針對「向生物學習拖延的正當性」展開思考。

在生物界，所有生物都有天敵，而上班族也有像上司這種「頭疼的人物」。稱呼上司為「天敵」，聽起來或許有點失禮，但天敵這種生物，上面也會有以牠為食的更強（在專門用語中，稱之為更高層級）獵食者，同樣的道理，上司上頭還有更偉大的上司。

以公司來說，只要不是白手起家的創社社長，應該就會有身分比自己還高的上位管理者，而上司則是「在所賦予的裁定範圍內，允許對部下擺架子的角色」。舉例來說，在大學裡地位最高的校長，同樣得受文部科學省管理，被耍得團團轉。而縣內最大的知事，同樣被國家治得服服貼貼。董事會選出的社長，則時時都得受董事和股東管理，絲毫大意不得。

大人物自會受大人物管理，大家都是在自己的裁定範圍內工作，這種情形宛如「**食物鏈**」一般。換言之，他們不是生活在生態金字塔中，而是生活在「**管理職金字塔**」中。

生態金字塔與食物網

現代社會所建造的管理職金字塔，「若以生物學的觀點來看，明

管理職金字塔

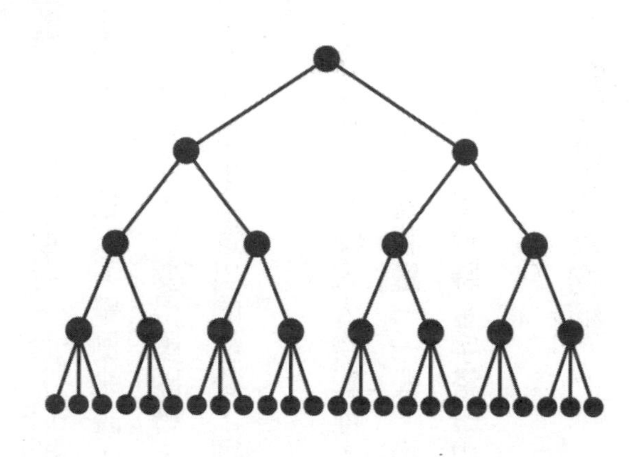

顯是個錯誤」，這是我在此想傳達的訊息。

生態金字塔描繪出位於頂點的肉食性動物，如獅子和老鷹，而草食性動物位於三角形的中央一帶，植物和菌類等分解者位於底端，這是生物教科書一定會提及的圖形，又稱之為「食物鏈」。

上司的上頭還有上司，如此井然有序相連的公司組織圖，從最底層的一般員工到最上層的總裁，一路相連，形成龐大的管理職金字塔。人類社會建立的這座金字塔，由上而下傳達命令，是許多公司的基本運作方

食物網（Food Web）

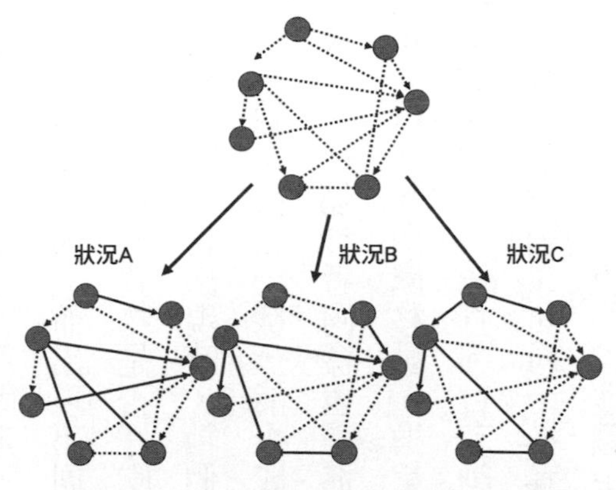

視狀況而彈性變化的現實食物網概念圖　©近藤倫生

式，但根據生物學的最新研究得知，實際的生態系統與教科書上所刊出的金字塔有很大的出入。

在以往的生物學中，人們將「吃／被吃」的關係想作是金字塔型，並稱之為食物鏈。但現代的生態學已證實，「吃／被吃」的關係並非呈金字塔型，而是多種獵食者和多種被獵食者彼此交織成網狀關係的一種結構。此稱之為「**食物網（Food Web）**」。

換言之，獵食者與被獵食者的世界，不是僵硬的縱向社會，而是充滿活力地在時間與空間中游移，頗具彈性的結構。

舉例來說，獵食者與被獵食者並非總是成對位於上下的位置上。生物棲息的環境不見得都固定，而且有季節推移，還有晝夜之分。隨著不同的場所和季節，而出現不同的食物和獵食者，這就是野生世界。獵食者會評估眼前的食物是否好吃，當然會先從好吃的食物先吃起。當營養價值更高的食物出現時，牠們的目標也會就此改變。

被獵食者也一樣，能否成功逃過敵人的獵殺，得看有沒有地方可逃來決定。被獵食者同樣也得進食，例如草食性動物，會隨著野草的分布變化而自在地四處移動。換言之，某個場所下的獵食者與被獵食者間的關係並非固定，一直都會有動態推移。

從這點來看，可以了解獵食者與被獵食者時時展開對峙。相較之下，日本縱向社會的管理職金字塔每當上下關係陷入僵局時，往往不是將下位者貶職，就是告發上位者，顯得很脆弱。反觀生物一路進化而來的食物網，倒是能因應變動的環境，巧妙地發揮其功能，具有很健全的結構。

食物網並非像教科書上寫的那樣，是靜態的2D圖案，而是立體的動態圖案，且時時在流動。獵食者能挑選被獵食者來進食的這種構造，在進化的時間規模上能持續更長的時間。以上的主張，是日本的理論生態學者近藤倫生博士（京都大學生態學研究中心），於二〇〇三年獨步全球，率先在《Science》雜誌上所提出，震驚生態學者，並讓眾人認同他的看法。

生態學教導我們明白，對組織而言，愈是具有彈性的上下關係，愈能構築出持續的關係性。人類社會難道就不能向生物的食物網學習，建立一個更有活力和彈性的組織嗎？

許多上司和部下能流動來去，互相激盪點子，就此相互砥礪，若能建構出這樣的關係性，一些創造新事物的工作也就不會處處陷入瓶頸了。而上司與部下的關係，應該也就不會像現在這樣陷入僵局了。公司也不會停滯不前，而能像生態系統那樣長時間延續，打造出一個堅韌而不脆弱的結構。這是身為進化生物學者的我由衷的想法。

社會的結構和人們的思考方式，會父傳子、子傳孫的傳承改變下去。在現今的世界，稱此為「文化的進化」。

在這層意涵下，組織的結構應該也可以繼續進化下去下才對，但不知為何，這個縱向社會始終沒多大改變。

縱向社會對進入這個結構的人們來說，可以什麼也不想，推動事務進行，所以很輕鬆。上司只要分配手中的資源，賜予部下工作即可。而部下也只要乖乖順從上司就行了。以結果來說，是否該推動已完成的系統，就交由最頂端的人去決定。就這樣，最後只有被選中留了下來的Yes Man。

但這樣的組織真的好嗎？

這樣並沒有什麼不好，其實這證明了「這現在是個有餘裕的組織」。新的事物「現在辦不到」，只要留待以後再處理即可。趁著還有餘裕時，只憑表面的形式來推動事務，至於真正根本的問題，則是先拖延再說，這麼一來，就不會有任何問題產生。換句話說，它沒有改變的必然性。只要想想在同樣環境下一直都沒必要改變的腔棘魚，就能以進化生物學的觀點看清楚這一切。

如果是在高度成長期，這樣就能維持組織的運作。但現今的時代已不再有如此從容的餘裕。在以往的系統引發功能不良的現代，無法配合環境加以適應的公司，自然無法存活。Yes Man型的金字塔，馬上會失去功能。

此外，就算是在有餘裕的時代，如果是成立新公司，也絕不能這麼做。不能將責任推給上司或下屬，勢必得一起突破難關才行。這時候，團隊合作或人脈合作更顯重要。拖延這招是否有效，果然還是得視環境而定。

職場的加拉巴哥化

儘管明白這個道理，但還是難以成為一個健全的組織，這就是僵化的大公司。錯不在上司，當然也錯不在你。是系統的問題。如果有一位好上司，任誰也會希望上司能待久一點。如果是討厭的上司，則是希望馬上換人。然而，長期以來，生態系統已構築出一套很有彈性的系統，可以更換上司和部下，但人類社會卻遲遲不願採用。因為在人類社會中，有許多人一旦嘗過「權力」這個甜蜜的滋味後，便不肯放手。

而在生物界，獵食者見獵物減少，就會馬上展開遷徙。因為唯有遷徙後有食物可吃的生物，才能存活展開進化。但以人類的情況來說，來了一位討厭的上司（獵食者）後，卻無法擅自遷徙到其他地方去。

若站在這樣的觀點來看，像生物的食物網這種通融性，如果能在人類社會加以實現，那將會是自由業者的工作方式。建立一個機制，讓不屬於組織的自由業者在一定的保障下能夠生存，這點非常重要。不屬於組織的生物，即為自由職業者，但當然沒有保障；一旦變得虛弱就完了，接下來只能迎接死亡的到來。

沒有國境或地方自治體的生物，能自由地遷徙。以保險福利制度健全的人類社會來說，無法如此自由地四處遷徙。如果賦予了自由，則管理系統的法律、規則，以及文件的整理，將會追不上改變。尾隨而來的將會是以下犯上的世界。管理者恐怕沒辦法以更有利的條件將部下貶往他處。

現今的日本，除了這個問題外，還有人口減少和高齡化的問題，就像上頭一次疊了兩三層的盒子一樣。生物為了因應嚴苛的「**生存競爭**」這樣的進化結果，而建立了具有彈性的組織形態，沒想到這對現代的人際關係來說，卻是綁手綁腳。在狹隘的人際關係中，失去遷徙去處的天敵（上司）與食物（部下）一直處在面對面的關係下，就像走進了進化的死胡同裡，無法抽身。這樣的關係，也變得很不擅長因應外界的變化。

這正是職場的加拉巴哥化[1]。

七星惡魔的最佳覓食策略

前面也曾提過，背上披著紅色斗篷，上頭有黑色七星，從天而降的瓢蟲，就讓我們仔細來看看牠的獵食情形吧。

各位可曾觀察過七星惡魔捕食蚜蟲的情形呢？「這樣太浪費了，要一個不剩的吃乾淨」，從未受過這種教育的瓢蟲，不會規規矩矩地將一株茄子長莖上的蚜蟲全部吃光，然後才移往下一株。

牠會在盤踞了許多蚜蟲的長莖上頭啃食一陣子，等到遇見的蚜蟲數目變少，就會放棄這個地方，飛往下一株。換言之，當牠遇上獵物的頻率降低到某個程度後，就會移往獵物眾多的其他株去，如此一再反覆。

瓢蟲身為擁有翅膀的獵食者，個性很隨性。通常都是從牠降落在植物莖上的地方開始吃蚜蟲，而且只吃牠看到的個體，一路往上，邊爬邊吃。而爬到長莖頂端的瓢蟲，會張開翅膀，朝太陽所在的天空振翅飛翔（瓢蟲的日語漢字之所以寫作「天道蟲」，也是這個緣故），移往別株。

而在生物學上，針對獵食者（上司）要怎麼吃（使用）獵物（部下）才會有效率，鳥類研究者約翰．克雷布斯（John Krebs）博士（牛津大學）於一九七〇年代已用專業用語提出名為「**最佳覓食策略**」的理論。如果持續覓食，這處進食場所的食物就會逐漸減少，始終都在同一處場所覓食，效率不彰，等過了一段時間後移往其他覓食處，這樣最為適當。這就是他提出的理論。

包含鳥類和魚類在內，生物中大部分的獵食者，都會根據這個最佳的基準採用覓食策略，以此找尋食物。

1 日本的商業用語，以進化論的加拉巴哥群島生態系統做為警語，指在孤立的環境下，獨自進行「最適化」，而喪失和區域外的互換性，最終陷入被淘汰的危險。

七星惡魔也會適度的吃獵物，不會全部吃光。其實亂吃一通是最佳做法。把蚜蟲全部吃光的長莖上，獵物要從零開始繁殖，需要花費不少時間。

而吃剩的蚜蟲，可以藉由與同伴間觸角接觸的頻率來察覺自己周遭的同伴減少。這項資訊旋即會經過腦內神經的處理，而對卵巢下達「快大量生產孩子」的指令。幼蟲就此誕生。

在長莖上吸食汁液的蚜蟲們，稱作「**幹母**」，不必與雄性交配，就能在體內以卵養育幼蟲，然後陸續將幼蟲產在莖上。只要數週的時間，在七星惡魔到來之前，就能恢復原本的數量。

到時候，在其他長莖上亂吃一通的惡魔，又回到了這株長莖上，再度展開殺戮。就這樣，七星瓢蟲與蚜蟲彼此都得以生存，而不會滅絕，維持一套絕對不會枯竭的系統。

若站在「持續的資源供給系統」這樣的觀點來看，此種覓食法實在很完美。

沒被吃光的蚜蟲，得以在原地再次繁殖，而七星惡魔也會在蚜蟲過度繁殖前重返，亂吃一通。

在現今的人類社會，鰻魚和鮪魚因濫捕而數量減少，造成價格飆升。那種完全不留生路的漁業獵捕方式，正是問題所在。這點實在應該跟七星瓢蟲好好學學。應該像瓢蟲一樣，隨便亂吃一通即可。

就進化生物學的觀點來看，人類過度的商業性狩獵方法，明顯是個錯誤。

裝死是「靜止不動的戰術」

「**靜止不動**」的行為，有時是活命的最佳方法。

在爆發紛爭的地區，有許多生命在槍林彈雨中犧牲，而當中卻也有人因聽到槍聲，嚇得失去意識，無法動彈，就此撿回一命。我曾聽過這樣的一則新聞。在戰國時代的混戰中，有時會陷入敵我難分的狀態；而

混在屍體中以求活命的雜兵之「裝死策略」。

混在戰死的士兵當中裝死，藉此得以活命的雜兵，應該也不少。

我們對此種行為或許會產生罪惡感，但也因為這樣而得以存活，所以它算是符合進化生物學的正確行為。對弱者而言，裝死確實是求生的智慧。

戰場上的士兵殘酷無情。有時為了確認倒地的敵人是否真的斷氣，會依序以刀尖刺向地上敵人的手腳，加以確認。聽說有人連這種時候也耐住疼痛，靜止不動，就此保住了一命。拿刀刺的敵人是這麼賣力，而不做出任何反應、極力忍耐的人同樣也很賣力。

棲息在家中，將會動的東西認定為獵物的蠅虎[2]，會做出和這些殘酷的士兵一樣的行為。

在民宅的米櫃或成堆的麵粉裡，有時會湧現小甲蟲，每當蠅虎攻擊時就會裝死。蠅虎會朝裝死的甲蟲凝視一會兒，接著為了確認牠是否真的死了，會再次展開攻擊。如果甲蟲還是一樣不動，就會認定牠是真死了，而停止攻擊。靜止不動，對於只對會動的東西有反應的獵食者來說，是很有效的防衛手段。

不隨便亂動的好處，平時在公司的人事或負責業務的分配上也常看到。某人必須擔任的職位、非去不可的出差、非做不可的工作，這些事硬塞給其他人去做時，儘管心裡有點罪惡感，但還是覺得鬆了口氣，應該任誰都有過這種經驗吧。

2 俗稱蒼蠅老虎，又叫跳蛛。

動物們隨時都面臨被吃掉的危險，所以沒道理覺得有罪惡感。生物賭上自己的生死，很認真地採取「**裝死**」這種靜止不動的策略。

不過，這種「裝死」策略太過原始，讓人忍不住懷疑它是否真的有效，這真的是在自然界普遍看得到的現象嗎？

像這樣一察覺到敵人所帶來的刺激，便馬上靜止不動的行為模式，從許多動物身上都觀察得到。例如某個地區的羊，會對巨大的聲響有所反應，應聲倒地。而有著長長的尾巴，模樣像老鼠的負鼠，在遭遇敵人攻擊時，便會仰躺在地，此事廣為人知，英語稱這種裝死的情形為「**扮演負鼠（playing opossum）**」。

雞只要被揪住胸部，就會神經遲緩，無法動彈，但這種現象只會發生在晚上。雞的天敵是夜行性的野狗，當狗咬住雞時，雞會瞬間全身癱軟。這時野狗就會急忙放開獵物，而雞就會趁這個機會逃走。

非洲有一種獵食魚，只要受到水的震動刺激，就會瞬間全身凍結，像枯葉般緩緩沉入海底。就連海中的獵人鯊魚，只要受到刺激，便會腹部朝上好一陣子，在海上一動也不動。有些青蛙和蛇，在察覺敵人靠近時，也會仰躺在地，靜止不動。

小時候曾經採集昆蟲的人應該都知道。像鍬形蟲或象鼻蟲這類的甲蟲，在捕捉牠們時，許多都會從牠們所在的草木上掉落，一動也不動。甲蟲的體色和地面一樣是土色，所以要找出從綠色的草木掉落地面的甲蟲很不容易。

從哺乳類乃至於昆蟲，這世上有許多會「裝死」的生物。

話雖如此，說到這裝死……這種乍看很原始的做法，在這殘酷的生物世界裡，對生存真的能派上用場嗎？

自法布爾以來的大疑問

某天，這個疑問完全吸引了我。經調查後得知，連《昆蟲記》的作者尚・亨利・法布爾老師也對此感到不可思議，從那之後，這一直是誰都解不開的謎團。

法布爾老師曾在《昆蟲記》中寫道：「這種（裝死的）謀略，打從一開始就不存在。你的裝死，並不是裝出來的。那是真的。這是因為獵物微妙的神經質，而暫時陷入昏厥狀態。」法布爾老師所下的結論是，裝死對生存並無助益。

當遇到人類尚未證明的謎團時，會沉迷其中，這是研究者真正的好奇心。從那之後，我們花了十年的歲月，一再累積充分的資料，在二〇〇四年成功地驗證生物裝死的背後真正的含意，這是全球首次的創舉。

……話雖如此，這到底是多厲害的一件事，各位肯定不知道。

其實我自己也不知道這小小的發現有多厲害。但這項研究結果，在全球的研究者必看的科學雜誌《Science》線上版以及《Nature》雜誌上向世界介紹，就我所知，有七國以上的科學媒體介紹這項發現，引起很大的迴響，連我也大為吃驚。

此外，自從這個發現問世後，每當世上的某個國家有人針對動物裝死的行為，向雜誌投稿研究論文時，世界各地就會有人針對其研究結果的可信度前來詢問意見。看媒體便會發現，世上不管什麼現象都有其專家，令人佩服，而關於「裝死」的現象，似乎世人都認定我是這方面的專家。

接下來也希望各位讀者能聽我聊聊關於這項裝死的研究（不感興趣的人可以直接跳至八十八頁）。

裝死對生存有助益嗎？

「裝死對生存來說，有其適應性，所以才會進化。」

要如何證明這項論點呢？

在現代的進化生物學中，要證明「某項策略是否有助於生存」，其實既簡單又明快。只要能證明以下三項條件即可。

①某項性狀會隨著個體不同而有差異（**變異**）。
②其性狀會依照遺傳的結構傳給後世（**遺傳**）。
③其性狀若對生存有利，就能存活，保有自己的子孫（**選擇**）。

這表示裝死只要能滿足這三項條件，就稱得上是能進化的行動。

①有常裝死的個體與不太會裝死的個體這樣的變異。
②裝死這項行動能遺傳留給後世。
③裝死的個體對生存有利，更能保有自己的子孫。

光看這樣，或許會覺得只要調查這三項即可，根本是小事一樁。不過，「說易行難」，我花了八年的歲月才證明這件事。

擬穀盜的大實驗

證明這點的主要角色，是身長只有三毫米左右、名為擬穀盜的小甲蟲。就像是只要囤積白米，就會冒出來盜取穀子吃的害蟲一樣，所以牠的名字當中才會有「穀盜」二字。

天擇的第一項條件是：「①某項性狀會隨著個體不同而有差異（變異）」，在這種情況下，則成了「是否容易裝死，會造成個體的差異？」。

它的答案就存在於前人以這種甲蟲進行研究記錄的文獻中。

隨著採集的地區不同，發現有些集團裝死的比例也不同。報告指出，在同種類的昆蟲中，裝死的時間也各有不同，也就是說，這當中有特性存在。

擬穀盜從卵長為成蟲，需要四十天左右，只要給予麵粉，就算沒有水一樣能繁殖，是很容易飼養的昆蟲（所以才會成為害蟲），因而常用來實驗。我和學生們一起從擬穀盜當中挑選裝死時間長的類型和時間短的類型，加以培育。培育的手法，就像越光米或和牛的品種改良一樣，是採自古人們所用的農作物改良法。

如果培育成功，就能證明裝死這項行為是天擇的第一和第二條件，也就是帶有遺傳的變異。接著如果能造就出裝死的集團和不會裝死的集團，應該就能清楚明白裝死對於生存是否有利。

因此，我從每一代的甲蟲中各挑出五十隻公蟲和母蟲，一隻一隻用鑷子夾起，從固定的高度放進白色盤子中，然後以馬表記錄其裝死的時間。

雖然很單純，卻是很需要耐性的工作。

將一百隻甲蟲裝死的容易度轉為分數，讓分數最高、裝死時間長的同類型甲蟲進行繁殖，構成名為「long」的系統；相反的，讓分數最低的十隻母甲蟲和公甲蟲持續繁殖，以此構成裝死時間短的集團，並將此系統命名為「short」。

隨著一代又一代過去，long系統和short系統的裝死時間開始有明顯的區隔。進行約十五代的培育（約兩年）後，short系統的所有個體已變得不會裝死；Long系統的所有個體則都會裝死，而且持續十幾分鐘不會動的甲蟲，其性質有了改變。

裝死的這種行動父傳子，子傳孫，成了遺傳。這麼一來，就能證明天擇的第二項條件——②當中的性狀，能依照遺傳的結構傳給後世（遺傳）。

剩下的③當中的性狀，如果對生存有利，就能存活下來，保有自己的子孫（選擇）。換句話說，只要調查「裝死的個體在生存方面是否真的有利」，就能搞定。自法布爾以來，第一次有人證明裝死具有適應性，是能進化的一種特性，感覺這目標已近在眼前。

裝死的甲蟲，有九三%存活了下來！

有裝死的集團和不會裝死的集團，這種相同種類，但在遺傳上性質不同的昆蟲，獵食者對牠們的興趣也會不同嗎？這必須要先了解擬穀盜的天敵。

可以想像這種甲蟲以前是躲藏在樹皮底下生活，但因為人類的出現，牠改移居到麵粉和貯藏米當中。隨著漫長的時間流逝，貯藏的麵粉和稻米已可說是這種昆蟲一路進化而來的自然環境。

我調查過多家食品公司的倉庫，以及一百多臺農村常見的投幣式碾米機，仔細觀察甲蟲和蠅虎的關係。結果查出，擬穀盜的主要天敵是名為花哈沙蛛的一種蠅虎。

就這樣，我展開拚命捕捉花哈沙蛛的每一天。

本以為蠅虎是日常生活中常見的生物，可是一旦要加以尋找，卻又遲遲難以尋見。在倉庫、校舍，尤其是老舊校舍裡，常會發現其蹤影，但在炎熱的夏日，我時常逛了一整天卻一無所獲。儘管如此，在研究同伴的友人幫助下，最後還是抓到了五十多隻蠅虎。

蠅虎對會動的東西有反應。我先將蠅虎放進培養皿內，然後放入果蠅，接著蠅虎鎖定四處亂動的果蠅，一口氣展開攻擊，以前腳和大顎夾住獵物，吸取其體液。蠅虎毫不猶豫的咬住果蠅，不曾鬆開過獵物。不愧是蠅虎，厲害的瞬間秒殺。

然而，當我將擬穀盜（甲蟲）放進培養皿內時，蠅虎飛撲向前，以大顎一口咬住後，一度鬆開了獵物。甲蟲與蒼蠅相比，牠全身包覆著堅硬的骨骼，蠅虎似乎在第一時間也覺得「咦？好硬！」而一度鬆開口中的甲蟲。

而重要的是，甲蟲遭受到這一擊的刺激之後便停止動彈，也就是裝死。

我培育出能長時間裝死的long系統甲蟲，一被蠅虎咬住，就馬上停止動作，就此凍結。而視力發達的蠅虎，在鬆開獵物後，朝那一動也不動的獵物注視良久，但甲蟲一直裝死不動。蠅虎看了好一會兒後，旋即失去興趣，沒再對獵物展開攻擊。結果在我實驗的十四隻當中，裝死的十三隻甲蟲全都存活下來（生存率達九三％）。

相反的，儘管給予刺激，同樣不會裝死的short系統甲蟲，又是怎樣的情形呢？蠅虎一度將甲蟲鬆開，但一看到不會裝死，一直在眼前動個不停的甲蟲，蠅虎認定這是獵物無誤，而再次展開攻擊，就此吃了對方。結果我實驗的十四隻當中，有九隻被吃掉（生存率為三六％）。

九成對三成多，存活的short和long的數目差異一目了然。這麼一來終於能證明了，裝死對於讓蠅虎失去對獵物的興趣，頗具效果。

在那一刻，我終於透過值得信賴的多次實驗，全球首次證實，裝死的行動對於被獵食者而言，是一種適應，同時也是進化的性狀。這一連串的結果，我們決定向達爾文過去也常發表論文的英國科學雜誌投稿。

在雜誌總編的一句「這是非常出色的實驗結果」的評論下，幾乎完全照著原文在二〇〇四年十月公開發表。

真是可喜可賀。這麼一來，「裝死」的研究就結束了。

……但其實不然，還有意想不到的發展等在後頭。

《Nature》雜誌上的挑釁

二〇〇六年四月十三日，《Nature》雜誌上介紹到我們所寫的裝死論文時，我受到很大的衝擊。介紹人是曾經於二〇〇四年針對「攻擊迴避」這種「獵食者」與「被獵食者」的關係寫過教科書的格林漢・勒克斯頓（Graham Luxton）教授（發表當時任職於格拉斯哥大學）。他的介紹方式也頗具刺激意味。

這位教授的報導，主要是針對本間淳博士（京都大學）於二〇〇六年發表的蚱蜢裝死研究做介紹。

本間淳博士對於一種背部兩側有突出尖刺，名為日本羊角蚱的蚱蜢很感興趣，這種蚱蜢一旦受到刺激，就會擺出後腳朝上與身體垂直的姿勢，一動也不動。

過去的科學家認為蚱蜢這種豎起後腳一動也不動的行為，有其裝死的效果。

博士們準備了許多可能會吃蚱蜢的獵食者，例如鵪鶉、螳螂、狼蛛、黑斑側褶蛙等，然後餵牠們吃日本羊角蚱。每個獵食者都一樣會攻擊，但日本羊角蚱就只有在被青蛙吞下時讓後腳垂直豎起，一動也不動。

而吃了牠的青蛙又有什麼反應呢？牠無法吞嚥日本羊角蚱，有八成的比例是吐出蚱蜢。垂直豎起的後腳前端，其縱向非常突尖，再加上背部往兩旁突出的刺，這靜止不動的蚱蜢宛如菱角一般（所以牠在日文中的稱呼為「菱角蚱蜢」），會化成橫縱都帶刺的物體，抗拒被獵食者吞嚥。

就這樣，被青蛙吐出的日本羊角蚱，得以飛快地逃走。換句話說，日本羊角蚱之所以靜止不動，不是要裝死，而是不讓青蛙吞進肚裡的防衛姿態。

勒克斯頓教授在刊登於《Nature》雜誌上，標題名為「蚱蜢不是裝死」的報告中，還舉我們驗證裝死效果的研究為例，於文中寫道：「擬穀盜的裝死，或許確實是向天敵蜘蛛傳達『靜止不動』的訊息。但這種甲蟲其實是很難吃的昆蟲，牠靜止不動的姿勢，該不會是在散發化學訊息，告知蜘蛛『我很難吃』吧？也就是說，蜘蛛之所以不吃牠，不是因為牠裝死發揮了效果。若是如此，裝死時間長的long系統，或許是比不會裝死的short系統散發出更多難聞的臭味。」

這是很出色的啟發，同時，我也（擅自）將它視為「戰帖」。

再怎麼說，這就如同是在全球的科學人士都會看的《Nature》雜誌上公然挑釁。遭別人指責，一定要回應，這是科學家的規矩。的確，一旦用力捏這種甲蟲，牠就會散發難聞的氣味。蜘蛛一開始攻擊時，甲蟲有可能散發出難聞的氣味——

原本在我心中認定已破解的謎題，瞬間再度化為一個全新挑戰的主題。

是裝死，還是臭？

捏死擬穀盜，會散發出刺鼻的臭味，這氣味的來源其實是名為甲基苯醌的物質。當蜘蛛來襲時，甲蟲不是會散發這種臭味嗎？所以蜘蛛才會一度放開獵物吧？若是這樣，能否對甲蟲是否散發臭味進行檢測呢？

我們在化學人士的協助下，先針對會裝死的long組和不會裝死的short組甲蟲體內的甲基苯醌量做比較，但並無差異。不過，重要的是遭蠅虎攻擊時釋放的臭氣量。經過一再錯誤嘗試的結果，我將一隻甲蟲裝進玻璃瓶內，再放進蠅虎，然後在攻擊的瞬間採集玻璃瓶內的空氣當樣本。

在玻璃瓶內讓蠅虎攻擊甲蟲，測量甲蟲裝死和沒裝死時，在空氣中釋放出的臭氣，結果這兩種集團在裝死時都無法檢測出甲基苯醌。甲蟲並非是裝死的時候散發出甲基苯醌，而是只有在被蠅虎咬死時才會散發出來。這麼一來，對於勒克斯頓教授拋出的「裝死就只是釋放出化學訊息吧？」這張戰帖，我就能還以顏色了。

不過，蜘蛛是眼睛長在臉部前方、視力很好的生物，牠們能以立體畫面來區分物體。或許就是因為這樣，牠會朝靜止不動的獵物注視一段時間，確認牠真的「不是獵物」後，而放棄吃牠。

在我們於二〇〇四年發表的實驗中，光憑這十五分鐘裡的生存率，就做出「裝死對蠅虎有效果」的結論。不過，真的是如此嗎？對於二〇〇四年發表的實驗結果，我自己並未能一〇〇%的接受。

於是我決定一再觀察蠅虎的獵食行動。

犧牲旁人以求存活的技術

我多次觀察蜘蛛捕食甲蟲的行為，從中明白了一件事。當蜘蛛放開獵物，朝牠注視的時候，如果附近有其他東西在動，牠的注意力馬上便會被吸引過去。舉例來說，像身為觀察者的人類為了記錄而挪動雙手時，手的影子以及放在旁邊瓶子裡的其他昆蟲的動作，牠都會有所反應。

我試著將蠅虎擺到電腦前，發現牠對游標的動作也會馬上做出反應，也會對雷射筆的亮光有反應，改變方向，顯然誤認為是獵物。

原來如此。我在二〇〇四年發表的論文中，只在培養皿中放進一隻甲蟲進行觀察，但如果是放入多隻甲蟲來觀察，應該就會明白蜘蛛注意的對象不是裝死的個體，而是會動的個體！

我們急忙著手展開新的實驗。首先只將不會動的long系統甲蟲放進培養皿裡，接著各將一隻不會裝死的short甲蟲和long甲蟲一起放進培養皿內觀察。結果很明顯。只將long甲蟲放進培養皿時，只有大約四成的機率可免於被獵食；但若是和short甲蟲成對一起放入時，long系統的甲蟲則有高達九五%以上的機率逃過被獵食的命運。

換言之，和不會裝死，只會到處亂跑的個體在一起，懂得裝死的個體就能存活。

另外，同處在一個環境裡的其他個體，就算是不同種類的昆蟲，結果也一樣。我試著將另一種常在麵粉裡頭和擬穀盜一起發現的甲蟲，和會裝死的擬穀盜擺在一起。結果和會裝死的個體擺在一起時，其他種類的甲蟲有高達七成的機率被蜘蛛吃掉。但如果是和不會裝死的個體擺在一起，則會有八成的存活機率。

在存放麵粉或白米的野外場所，擬穀盜不可能獨自生活，牠們大多是成群從麵粉或白米當中湧出。像以小麥為食的其他甲蟲或蛾的幼蟲這類的其他昆蟲，也會混雜著棲息其中。

換言之，會裝死的個體是藉著自己靜止不動，來讓獵食者的注意力轉向其他獵物上，藉由這種做法來提高自己的存活率——這個理由就此成立。

換句話來說，會裝死的個體是犧牲身旁的其他個體，讓自己存活。

猜拳後出是對的！

讓敵人的注意轉往他人，自己就此獲救。同樣的場面，在我們人類的社會中也很常見。

就舉會議為例吧。雖是討厭的工作，但勢必得有人去做的事，成了討論的議題。像這種時候，大部分人應該都會在心裡想「我就盡可能別和上司對上眼，就這樣含混過去吧」。要是隨便提意見，而被上司點名道「既然這樣，就由你來試試看如何？」那可受不了。這時使出的策略就是裝死，等其他人先有所行動。我們可以說，人類確實是依照本能採取生物學上的正確生存策略。

猜拳慢出是有效的「生存策略」。

既然是以上班族的身分謀生，想將問題往後拖延的場面便會不斷登場。典型的例子就是上司提出要求，要你「想個好點子」。話說，不可能總是想得出好點子，只要想不到「特別」的好點子，「往後拖延」就是個辦法。像這種情況下，與其說出自己想到的爛點子，惹上司不高興，還不如往後拖延還比較好。

不過，如果現場都沒人發言，裝死就發揮不了效用。正因為有想要積極出點子的人存在，「沒提案的人」才得以活命。就像這樣，在任何場面下，都有其他人可以積極地處理問題，做為往後拖延戰術的「裝死」才能奏效。

我原本想命名為「after you（你先）策略」，先搶先贏的做法其實沒那麼有用，往往都是排第二或第三的人最後贏得成功，而這個事實與我提出的方法似乎有共通之處。搶先的冒險者開拓市場，接著大企業投入高額的資金，以更幹練的商業模式擴大市場占有率。進化生物學證實了商場上這種不顧道德，「猜拳後出有效」的殘酷面。

事實上，在生物的世界裡，猜拳後出是「常識」。舉例來說，當母蜻蜓與兩隻以上的公蜻蜓交尾時，之後前來交尾的公蜻蜓會用自己陰莖前端的倒刺，將最早交尾的公蜻蜓留在母蜻蜓體內的精子全都清走。接著再注入自己的精子。藉由這樣的做法，母蜻蜓的卵所孵化出的孩子，全都是後來交尾的公蜻蜓的孩子。

另外還有這樣的案例。假設有成群行動的牛，為了得到新的覓食區，面對一條非橫渡不可的河川；河裡有鱷魚，沒人肯帶頭進入河中，這時年長的牛會從後方撞年輕的牛，使其跳入河中。可說是殘酷已極。

我們將話題拉回裝死的研究上吧。

我們提出主張，說明勒克斯頓教授的指正並不適用於蠅虎和甲蟲之間的關係上，而且裝死是犧牲個體周遭「四處亂動的旁人」，為自己帶來利益的策略，並整理成論文。而就在二〇〇九年四月二十九日公開發表的隔天，《Science》雜誌的線上版（Science shots）附上解說「為何裝死是生活在群體或社會中的動物們進化而來的有效戰術呢？這項發現是加以輔助說明的報告」，向全世界發布，受到世界各國媒體的關注。

大企業裡有很多員工不工作的原因

如果這項說明正確，那麼，自然界所有的個體都裝死的話，則裝死的當事者便得不到好處了。

為了證明這是否能套用於生存在自然界中的昆蟲，我們從各地採取各式各樣的甲蟲，徹底調查集團中會裝死的類型占有多大的比例。

結果得知，不論哪個集團，其大部分的個體都不會裝死，要不就是只能裝死幾秒，便馬上醒來。但也從中查出，當中有些集團，以很少數的比例潛藏著裝死達數分鐘之久的個體。同時也從中明白，以擬穀盜的情況來說，棲息環境中有很多天敵的集團，會裝死的個體比例也比較多。

會裝死的個體悄悄潛藏在四處亂動的個體較多的集團裡，只求自己能存活，可說是一群懂得「利己生存術」的傢伙，這點也得到了證實。而這正是讓往後拖延的生存策略產生進化的土壤。

如果套用在公司的話，正因為自己周遭有許多喊著「好，我來做」四處亂動的員工，往後拖延的策略才能奏效。也就是說，這是個人力過剩但資訊流通性不佳的大型組織。愈是日本典型的大型組織，裝死策略奏效的可能性愈高。

要是有上司感嘆「部下都不會自動自發」、「都不敢冒風險」，這可能是組織文化的一種展現，因為對部下來說，這麼做才能將存活的可能性提高到最大。總裁必須發現這個事實才行。並非自己的部下不行，部下們只是很正確地採用最適當的生存策略罷了。

倒不如說，如果上司感嘆這種狀態，成了常態化，那麼公司可就真的有危機了。這麼一來，戰略性地往後拖延的部下，會認定組織已沒有未來，而就此離開。集團恐怕馬上會被獵食者啃食殆盡，就此滅絕。喪失生存用的多樣性，被競爭對手徹底擊潰。

所以上司要懂得識別誰是策略性往後拖延的部下，誰是什麼都沒想、只會把工作擱著不管的部下，這點非常重要。沒必要每個人現在都全力衝刺。當每個部下都順著慣性行事時，也需要有一旦狀況改變，能為了存活而採取因應措施的部下。

當每個人（員工）的能力都失去變異時，就無法跟上狀況的變化，這樣的生物（組織）集團會滅絕，這是三十六億年來，以自己的存活當賭注，榮枯盛衰的情景反覆上演的生物界常識。

得了帕金森氏症的昆蟲？

我們重新回到擬穀盜的話題吧。

我們偶然發現，會裝死的甲蟲幼蟲，若給予刺激，會瞬間凍結，一動也不動。

甲蟲會從幼蟲變成蛹，之後羽化變為成蟲。而在蛹的階段，原本幼蟲階段所需要的身體組織，會全部液化，到了蛹的後半期，重新建構成翅膀、腳、觸角這一類成蟲所需的器官。這種現象稱之為「**變態**」。

這表示，即使透過變態，作用一樣不變的體內某個物質，讓甲蟲懂得「靜止不動」。若是這樣，對於昆蟲「動」或「不動」的活動會產生影響的物質究竟是什麼？這其實是名為「**生物胺**」的神經傳導物質。

我想，各位應該聽過腎上腺素或多巴胺這幾個名稱，這類的物質即是生物胺。昆蟲和人都擁有類似的生物胺，讓人的行動更加活潑的多巴胺，也能提高昆蟲的活動性。以具有讓人鎮靜的作用而聞名的血清素，也具有讓昆蟲變安分的作用。當怒氣上湧時，人腦會分泌腎上腺素，而昆蟲則是分泌化學構造和腎上腺素很類似的物質，名為章魚胺，同樣也能讓動作變得活潑（附帶一提，章魚胺最早是從章魚身上發現）。

我們試著將包括其他胺類在內的多種生物胺，以前端突尖的玻璃針注射進甲蟲體內。從中得知，注射過多巴胺的long系統甲蟲，變得無法長時間持續裝死。

於是我請昆蟲生理學者佐佐木謙博士（金澤工業大學）幫忙，對long系統和short系統的甲蟲腦部進行解剖，並測量其內部所含的生物胺含量。「測量含量」這句話說來簡單，但這可是要從全長僅三毫米的昆蟲身上摘取出腦部，並測量當中的物質，令我對日本有如此技術高超的研究學者深感佩服。

經博士的實驗結果得知，short系統的甲蟲腦部與long系統相比，發現有極為大量的多巴胺。

說到多巴胺，這是帕金森氏症患者的用藥。帕金森氏症患者腦內的多巴胺無法順利發揮作用，所以會動作變得遲緩，行走時呈現「小碎步」的走法，而且缺乏表情變化，就像戴了面具一樣，這些都是其症狀。不過只要用多巴胺的前驅物左多巴或多巴胺本身加以投藥，經過一段時間就能恢復行動力。

換言之，從經過培育的long集團的擬穀盜中挑選出帕金森氏症特性較強的個體，持續加以繁殖，結果牠們的動作變得緩慢。而這種甲蟲之所以能長時間裝死，意謂著牠腦內的多巴胺無法順利運作。

昆蟲也和人一樣。我們的心情會隨著腦內分泌的生物胺量，而有明顯不同。這是當人們生氣、沮喪時，為了左右情緒所獲得的一種巧妙結構。就連昆蟲也一樣，腦部會暫時受這種物質所支配。「切換心情」在我們的生活中是很重要的一環。

我們進一步展開實驗。接下來使用的是咖啡因。

昆蟲也會因咖啡因而睡不著覺

咖啡所含的咖啡因，一般來說會使人頭腦清醒，刺激腦部，變得更有創造性。我們試著讓擬穀盜服用咖啡因，以混有咖啡因的砂糖水讓long系統的擬穀盜喝下，結果牠們就此無法裝死。

咖啡因具有讓多巴胺活性化的功能，這證明多巴胺是決定裝死時間長短的重要關鍵。昆蟲也和我們一樣，喝了咖啡後便精神亢奮，睡不著覺。

接著我們以培育出的long系統和short系統的甲蟲來調查其成本效益。針對會裝死的long系統和不會裝死的short系統兩者的成長和繁殖做比較，結果發現long系統較快變為成蟲，而且壽命較長。

平時不太活動的long系統，與short系統相比，可保有其能量，因此活得較久。

照這樣看來，long系統在生活方面優點眾多。

裝死類型的人在交友聯誼中表現不佳

不過，「每方面都好」這樣的結果，在生物學上是不存在的。會裝死的類型，伴隨著會付出「某種重大的代價」。人生也是如此。想要展開某件事，就必須得犧牲什麼才行。

那就是「邂逅」。

裝死的類型，只要稍有一點刺激就會全身凍結，結果邂逅異性的機會變得少之又少。簡單來說，藉由裝死而成功逃離敵人魔爪的這種類型，在「交友聯誼」上表現極差。

而另一方面，不會裝死的short類型，雖然壽命短，但面對任何刺激都不受影響，始終動個不停。活潑四處亂動的雄性，邂逅異性的機會

「裝死類型的人」
在交友聯誼中
表現不佳。

自然比較多。一旦遇上雌性，當然會展開求愛，所以能獲得更多的繁殖機會。事實上，short類型的雄性能生下更多的孩子，而也會比較早死。正是所謂「燦爛而短暫」的生命。

在求愛方面具有行動力，且頻頻與異性接觸的雄性會比較受歡迎，這也是進化生物學教會我們的道理。在人類世界裡，有許多人認為受歡迎與否，取決於是否長得帥，是否有錢；但儘管長得不帥也沒錢，卻還是有人很受歡迎。所以請不要以此當藉口，試著採取進化生物學認證過的行動吧。

此外，人稱「草食系」的男人，在留下子嗣這一點上，確實在進化方面是弱了點，這樣是否能明白其原因了呢？這就像白費力氣空想，卻什麼也不做一樣。昆蟲也一樣，認真的雄性才是能留下眾多子嗣的「萬人迷」。

就這樣，我們從裝死的進化研究中明白一件事，對敵人的防備與對異性的追求，兩者是處於背道而馳的關係。生物時時都被迫做出選擇，看是要將重心放在哪個策略上。

「不做決定」的智慧

在本章，就針對生物教會我們的正確生存策略做一番歸納吧。像「員工的往後拖延」，乍看像是停止思考的一種行徑，但其實這並非停止思考，而是「不做決定的智慧」。

在時機成熟前，先「往後拖延」，是生物的基本原則。公司也一樣。比起任憑當時的時勢擺布、四處奔波的公司，以長遠的眼光來看，只持續專精在一項商品上的公司反而存活了下來。

一九〇七年，有位名叫西尾正左衛門的少年，他以鐵絲將南國的椰子纖維捲成圓球狀販售，做為清洗之用，結果成了熱門商品。這就是有名的棕櫚刷。直到現今仍持續販售的這種棕毛刷，西尾在一九一五年取得專利。

從那之後，日本電器產品的技術改良成為世界第一，清洗用具也陸續陳列在消費者面前以供選擇，功能不斷提升。

棕毛刷的素材也在戰爭的影響下，從開發當時的椰子纖維改為棕櫚，但外型和功能一直到二十一世紀的現在仍維持不變。因環境劇變而無法應付城市建設的電器產品姑且不談，只要像臉盆、棧板、馬桶的基本模樣沒變，棕櫚刷就會一直延續下來。這種商品在挑剔的消費者挑選的壓力下，依舊沒任何改變。

我深深覺得，這個稀有的成功案例告訴了我們，如果沒改變也沒影響，那大可不必改變。

情況時時在變。有時我們覺得「如果現在不做，之後就沒意義了」，但之後回頭來看，結果會發現「沒做其實也一樣」。情況常會中途改變。不管什麼事，不急著現在馬上做，而是先將問題「擱置一旁」，有時也很重要。

在歐美誕生的「Evolution（進化）」一詞，原本並沒有進步的含意，它是「**變化**」的意思。變化包含了變壞，也就是退化，同時也包含了往好的方向變化，也就是進化。明治時代的學者在翻譯成日文時，沒將這個單字翻成變化，而是翻成了進化，所以在日本一直都對進化有所誤解。

前進不見得一直都是對的。要視狀況有沒有改變，配合不同的時間和環境，採取「變化」和「選擇」。

馬為了能在平原上跑得快，除了中趾外，其他腳趾都退化，只剩一根腳趾，而提供了我們賽馬的娛樂。

停止在樹上的生活，來到地面上的人類，不再需要尾巴。而就此無法逃到樹上的人類，取而代之的，是學會各種和敵人對抗的方法。

在變化時，退化和縮小往往也都會是進化生物學上的正確方法。抱持這樣的觀點，一定有其重要的意義。

第三章

擬態的建議

如果沒有武器，就「**潛伏**」吧！

三十六億年來，存活下來的生物所編織成的歷史，是一部「努力不被獵食的奮鬥史」。其中，生物學會各種對抗獵食者的策略，較具代表性的就是「**擬態**」。

擬態可分成「隱藏自己的擬態」與「警告我很難吃的擬態」。兩者都是不讓自己遭獵食的求生術。生物在這三十六億年間學會的進化技術，我們當然要好好效法。

本章想先介紹「隱遁」這種求生術。

世上有一種弱者，始終都不來到外頭的世界，以此苟活延命。這就是「**潛伏**」。像繭居族或尼特族就略嫌誇張了點，不過，為了避免與他人之間的紛爭，一味隱藏自己的本性，以此在社會上謀生的潛伏者，其實在這世上位居多數。若以進化生物學的觀點來看，這也是理所當然。沒有武器和敵人拚搏的生物，最常採用的策略，就是潛伏。

學會這套策略的生物，不像毒蛇那樣擁有劇毒，也沒有利角或尖牙這類的武器。對沒有反擊手段的生物而言，一味的躲藏，也就是「潛伏」，才是正確的生存策略。

太突出的人容易受打壓，不過，不突出就不會被打壓。在社會裡當個不突出的人。沒錯，這種「**不起眼**」的生存方式，在擅長生存策略的生物身上相當常見。這是很了不起的處世之道。

舉例來說，以隱藏聞名的樹懶，會完全化身為樹枝，以此度日。由於動作慢，當牠察覺敵人的氣息時，牠會讓緩慢的動作就此完全停住。當我們去海邊時，會忍不住想撿拾的寄居蟹，則是躲在已死的貝殼中繼續生活。

對於自幼就已適應「太突出的人容易受打壓」這種環境的日本人來說，這種隱遁術可說是一種常識。

孩子們也是如此，會在意朋友和周遭人的眼光。因為要是只有自己特立獨行，就會引來同伴的冷嘲熱諷。

拚命追求流行的年輕人，唯獨在求職時會穿上求職用西裝，也是同樣的道理。因為大人們雖然都說「特色很重要」，但在求職或面試時，要是坦率地展現「真實的自己」，肯定會被淘汰。

大人的社會也是如此。就算得壓抑自己原本真實的內心，也要和別人一樣選擇同樣的外表和行動，這才是明智之舉，在日本一直存在著這樣的氛圍。這將會化為壓力，只要內心沒發出痛苦的悲鳴，就會讓自己與周遭同化。

人類的環境適應力相當優異。對於和他人同化，就算一開始會覺得有壓力，但大部分人還是不久就會習慣。

就像這樣，讓自己的模樣配合背景以求生存的人們，算是生物界的多數派。此外還有長得像海藻的海馬，以及像枯葉的蝴蝶，像這種與周遭同化的生存方式，以進化生物學的觀點來看，是很正確的生存策略。

散發太多的訊息，勢必得付出不少代價。如果不想付出不必要的代價，就別太顯眼，要低調的過日子。

隱遁者有其極限

說到隱遁者的代表，非穴居者莫屬。為了不被獵食者發現，躲在巢穴裡不出來，是最不顯眼的生存方式。有種名叫穴免的動物，牠擁有隱密的洞穴，除了找食物的時間外，一直都過著潛伏的生活。

而在海底，有許多生物挖掘出的洞穴，裡頭不光只住著一種生物，各式各樣的生物都拿它當藏身的居所。向來都被拿來當釣餌的海腸，牠所掘出的洞穴裡，螃蟹、雙殼貝、鰕虎全都一起住在裡面。

乍看像是一起共同生活，但其實牠們是名副其實的「**寄生者**」。螃蟹、貝殼、魚，全都藉由住在這個洞穴裡，有效率地藏匿行蹤。

可做成天婦羅的美味螻蛄蝦，也是住在豎坑裡，當牠不必獵捕朝牠靠近的獵物時，牠都是靜靜潛伏在洞穴深處。這種生物常會自動與背景的顏色同化，或是佯裝成不能吃的東西，靜靜等候敵人離開。

牠這種模樣，讓人聯想到通緝犯的藏匿行徑。只有在買飯吃的時候才會外出，以完全融入環境，不引人注意的姿態，小心翼翼地注意四周，前往便利商店購物——像這樣融入周遭環境中，消除自身存在感的人，並非只有逃犯。在一億多的日本人當中，許多人也都是極力讓自己過著低調而不顯眼的生活。

不過，大家還是非得進食不可，也得為了找尋配偶而四處行動，而這正是隱遁者的極限。

隱藏不讓敵人發現的「隱蔽」能力

對被獵食者而言，獵食者的「**探索影像**」是一項很難對付的能力。舉例來說，像上司這樣的獵食者角色，必須得記住獵物（部下）的模樣才行。獵食者所擁有的能量和時間有限，獵食者也必須要準確的判斷出對方是否為獵物。

為了有效率地獵捕獵物，生物的獵食者學會「探索影像」這項能力，此一概念在一九六〇年代就已有人提倡。當我們要找尋某個東西時，只要記住它的模樣，下次就能很快找出，因為你已擁有探索影像。

尚未被資訊淹沒的小孩，很擅長這項探索影像的能力。能迅速發現貼在大樓上的宣傳看板，或是從人群中發現喜愛的卡通人物，這項能力令大人吃驚。這種能力就是探索影像。而生活在複雜的社會、複雜的人際關係下的大人，則沒這個能耐。

而獵物為了躲避獵食者的這種探索影像能力，也是百般想方設法，努力求生，像長得活像海砂的鰈魚、只要靜止不動便會與草叢的色彩同化的小野豬，以及小花鹿身上的斑紋，許多獵物會讓體色與自己棲息的場所背景同化，藉此藏身。像這種隱藏不讓敵人發現的方法，統稱為「**隱蔽（crypsis）**」。

這是同樣可用在人際關係上的一種智慧。別讓人看出自己的行動，這也是很重要的一件事。要是隨便讓人知道你的能力，有時會遭人利用。試著擾亂對手的探索影像，也算是可以平安在社會中求生的一種手段。

利用光和影，也算是隱蔽的方法之一。

多吃有益健康的青背魚，包括了沙丁魚、竹筴魚、鯖魚等。為什麼這些青背魚上半身是青色，腹部卻是白色？各位是否曾對此抱持疑問？就算是從水面上來觀看青背魚，也會因為與水的顏色重疊，而不容易看見牠背部的青色。這對鳥或熊這類的獵食者來說，也是一樣的情形。

相反的，如果是從海中往上看，則不易看見腹部是白色的魚。從海面上往下看是青色，但從海中往上看，則會看到模糊的白色天空，所以魚的白色腹部就此隱藏不見。

這種技法稱之為「**反隱蔽（Countershading）**」。

像這樣利用光和影，不讓敵人發現自己身體的方法，從許多生物身上都觀察得到。

另外有許多生物會讓自己的身體變得扁平，盡可能不產生影子。像比目魚或牛尾魚這種居住在海底的魚類，許多不光只是體色像海砂，而且體型也很扁平，這是為了不讓自己的影子被敵人察覺。

就像是雷達無法探測的隱形戰機般，這種生物告訴我們，用半吊子的方式突顯自己，是最沒效率的生存方式。既然要隱藏，就得徹底藏好自己，這是魚類提供給我們的訊息。

偽裝有效

我國中時曾和父親一同到沖繩旅行。當時正值越戰時間，沖繩的街道上滿是身穿綠色迷彩裝的美軍。而自從波灣戰爭爆發後，也就是我在沖繩念大學的時代，美軍的所有裝備，從戰車、戰機，乃至於士兵的服裝，全都換成了淡卡其色的迷彩圖案。

軍人穿迷彩裝是為了「偽裝」。而偽裝的隱身方法，不管是昆蟲還是人類，都是很有效的抗敵戰術。

偽裝戰術會在什麼樣的情況下進化呢？如果偽裝所付出的代價不大，那麼，天生就擁有隱身術便很「有利」，像枯葉魚、枯葉蝶這種天生就長得像枯葉的生物並不少。

相反的，如果偽裝付出的代價高，則在遭受襲擊時，才發動抗敵的防衛法，這樣比較能降低付出的代價。前面提到的「裝死」也是如此，而遭受敵人攻擊時，會將自己身體撐大的貓，以及像窮鼠齧貓這種意想不到的反擊、臭鼬的臭氣噴發，這都只有在遭受敵人攻擊時才會出現。

不以家中打掃為苦的人，平時都是自己打掃，但是視打掃為畏途的人，或是沒時間打掃的人，會請清潔公司代勞，以金錢換取時間，減輕精神上的負擔。啊，不小心話題偏離了偽裝的主題。

模糊不明的「毛邊效果」

在日本的公司裡，再也沒有比「模糊」更好用的一句話了。你問我到底想說什麼？像條紋這種清楚的色彩，也會因背景而變得模糊，這就是我要說的。

世上有斑馬或條石鯛這種條紋圖案的動物，這種圖案稱作「擾亂色」。獵食者分辨獵物的重點之一，就是獵物會從牠所在的位置「浮現輪廓」。

前面提到的探索影像也是如此，我們都具有從平淡無奇的背景中辨識出生物輪廓的能力。對被獵食者而言，為了讓致命弱點的輪廓不被敵人發現，儘管身上的顏色無法變得和背景一樣，但只要隱藏身體輪廓，就不易被獵食者發現。

麻雀不是全身褐色，而是白色、褐色、黑色的條紋相間，一旦進入枯草中，就會變得很不顯眼。蛾的成蟲翅膀也時常呈現條紋圖案。這些都看準了色彩的「**毛邊效果**」，是躲避獵食者攻擊的好方法。毛邊也就是讓輪廓模糊化的技術。

英國布利斯托大學的卡西爾教授，對擾亂色展開科學分析。教授們朝毛毛蟲身上貼上三角形的紙，偽裝成蛾。教授準備了三角形的紙，分別塗上全褐色、全黑色、褐色中央有黑色圖案（內側）、加上黑邊的褐色。將背著這些圖案紙的毛毛蟲釘在森林裡的青剛櫟樹上，觀察鳥兒對牠們的獵食情況。麻雀們就此前來獵食這些假蛾。

一天觀察下來發現，免於被獵食的假蛾，以塗黑邊的最多。而在三角形的紙中央畫黑色的假蛾，被吃掉一些。至於全部同顏色的假蛾，不論是褐色還是黑色，被吃掉的數目都比中央畫黑色的假蛾來得多。

接著改以淡褐色和褐色的對比色，以及擁有更強烈對比的淡褐色和深褐色的三角紙，展開同樣的實驗。結果色彩對比強烈的深褐色三角紙，免於被鳥獵食的命運。針對此毛邊效果，於二〇〇五年公開發表於《Nature》雜誌上。

這就像是面對一位硬塞了一個難題的客戶，業務員在難以說Yes的情況下，不肯清楚的說一句「No!」，而不斷說一些聽起來既像「好」、也像「不好」的模糊回答。這是不肯對事物立即下決定，又不想被迫負責，而千篇一律的「話語模糊法」。像「關於這件事，請容我回公司後進一步檢討」，或是「我會積極的加以檢討」這樣的回答方式，也是符合進化生物學的正確做法。

面對一位硬塞難題的客戶，會很想當面罵一句「混帳」，這種心情我能了解；但是「你的想法嚴重落伍。真是蠢到家了，完全無法理解」，這種話總說不出口吧？在這種場面下，符合進化生物學的正確做法，是微微露出為此傷腦筋的表情，然後說一句「請容我回公司後進一步檢討」。

就算模糊不明，也要在各種場合中存活下去，這是進化生物學教導的道理。

用來對抗上司的偽裝策略

讓人覺得「這傢伙吃不得」，這不論是在公司的人際關係，還是在自然界的生物圈，都一樣重要。

在自然界，有許多動物讓「長得像某種不能吃的東西」這項技能進化。長得像獵食者認定沒有獵食價值的東西，這稱之為「**偽裝**」。

肉食性動物的孩子和小鳥們，自幼就不斷練習分辨什麼能吃，什麼不能吃，就此長大。而住在水邊的幼鳥，會把樹枝當魚，一再展開練習。不久，牠們就能分辨什麼是樹枝，什麼是魚，而成為能巧妙獵食的獵人。

小鳥們為了維持飛行的能量，時時都得進食；要是弄錯而啄食樹枝或石頭，只會白白浪費時間和體力。而反過來利用鳥兒的這種習慣，變身成獵食者認為「不是食物」的樹枝或石頭的這種手段，同樣也是做為獵物的動物或昆蟲所學會的「不被獵食的智慧」。

就連水戶黃門也會「偽裝」成市井小民。

就像這樣，偽裝對生物的生存來說，確實有其效果，這在最近得到證實。

之所以一直到最近才得以證實，是因為在研究方面一直想不出好點子，來區分這究竟算是獵食者完全沒發現獵物（隱蔽），還是認定那是不能吃的東西（偽裝）。不過，在第二章介紹過的那位向我們的「裝死」論文挑釁的勒克斯頓教授，他成功加以區分。

教授他們事先讓雛鳥們學習，展開巧妙的實驗，而得知偽裝對敵人有效，並於二〇一〇年在

《Science》雜誌上發表。

他們以兩種長得很像木枝的飛蛾幼蟲來餵養雛鳥，投入這項實驗中。第一次看到這種毛毛蟲的雛鳥，毫不猶豫地加以啄食。但之前曾經啄過樹枝的雛鳥，在開始啄食長得像樹枝的毛毛蟲前所花的時間，以及全部吃完的時間，與沒有這方面經驗的雛鳥相比，時間明顯拉長許多。

這個結果顯示，雛鳥並非無法發現長得像樹枝的毛毛蟲。因為要對自己記得「不能吃」的樹枝展開攻擊，會感到躊躇，才會有這種結果。換句話說，獵食者的經驗和認知的結構，是促成獵物的模樣進化的來源。

在野外，如果同樣的情形發生在毛毛蟲和小鳥之間，則長得比較像樹枝的毛毛蟲被鳥兒吃下肚的機率會比較低。天擇的雙眼應該不會漏看這「些微的差異」才對。歷經漫長歲月天擇的結果，毛毛蟲進化成更像樹枝的模樣。

此外還有許多人們認為是偽裝的被獵食動物。例如長得像枯葉的淡水魚枯葉魚、長得像石頭的非洲原產多肉植物生石花、號稱是擬態模仿樹墩的林鴟、長得像樹枝的昆蟲竹節蟲等等，令人驚奇的「**偽裝生物**」可真不少，簡直可以贏得偽裝大獎了。對曾經誤食枯葉或石頭的獵食者，這些生物具有令牠們在行動前感到猶豫的效果。

如果是上班族，能如何活用這種偽裝策略呢？

有人說「老實人總是吃虧」，如果平時都完全遵從上司的指示，得寸進尺的上司見你什麼都能辦好，就會把所有工作都硬塞給你。這就是上司的習性，無可奈何。但如果這種情形變得理所當然，你就很可能會淪為「全能打雜工」。盡情的使喚，等過了使用期限便隨手一拋，這樣你根本無法存活。

對方雖是上司，但畢竟也是人。人有會被落差吸引的傾向。平時很能幹的部下，不知不覺間變成「做得好是理所當然」，而原本認為「不能吃」的部下，要是突然工作上有好表現，評價便會急速上升，這也是現實。對平時就很認真努力的人來說，聽了想必很生氣。

因此在公司裡，不時向上司傳達錯誤訊息，或許也有其效果。也就是說，要事先讓上司覺得「這傢伙吃不得（不可小看）」。

當然了，最低限度的規範還是不可輕忽。不過，千萬不能過度賣力，要先偽裝自己。看準評價效果，為上司提升業績。這麼一來，評價便會一口氣提升許多，存活率也會跟著提高。

白蛾神秘的黑色化事件

樺尺蛾的黑色化，被視為野外發生天擇的實際案例，也是高中生物教科書一定會介紹的知名事蹟。請容我對這種蛾的研究史稍做說明吧。

十九世紀，在產業革命如火如荼展開的英國，大量焚燒煤炭，煤灰不斷從煙囪冒出。工廠大量消耗煤炭，而家庭裡也都是用暖爐來讓屋內保暖。

當時在英國，行道樹的樹幹、建築物，全都因為煙囪冒出的煤灰而變得黑漆漆。如果看當時以「福爾摩斯」系列聞名的作家柯南・道爾或查爾斯・狄更斯的小說，便會感受到英國街道那擁擠、陰鬱的氣息。

配合整個街道「黑色化」的時間，我們來看十九世紀的英國，樺尺蛾這種夜行性的飛蛾，當時體色原本是白色，但開始有愈來愈多體色呈黑色的個體出現。

呈黑色的這種飛蛾成蟲，最早是在一八四八年，於英國的曼徹斯特被人發現。在英國中部許多推動產業革命的都市，例如伯明罕、利物浦，這種黑色類型的成蟲比例急速攀升，而在邁入一九〇〇年代前，幾乎英國的每個都市都已發現這種黑色的飛蛾。而在一九四〇年即將到來時，有九成以上的飛蛾都成了這種黑色類型。尤其是工業盛行的曼徹斯特，更在一八九五年留下黑色飛蛾高達九八%的紀錄。

而另一方面，在威爾斯這種沒有工廠排放煤煙，充滿綠意的鄉下地區（大不列顛島西部），十九世紀時幾乎所有飛蛾都還是白色的翅膀。

在現代的英國，屋裡都有完備的中央暖氣空調，不再使用煤炭。煤灰也不再從煙囪冒出，而遺留下來的煙囪，仍矗立在街上各個建築的屋頂上，令人印象深刻。行道樹的樹幹也恢復原本的白色，建築物覆上明亮的磚色，豔陽高掛的晴空令人心曠神怡。

黑色的飛蛾現在幾乎已不見蹤影，原本的白蛾又回來了，占了絕大多數。

黑色的突變現象在十九世紀時出現後，頻率增加，而在二十世紀又恢復為白色，像這種蛾所發生的現象，不光只在英國的都市，在歐洲及北美其他都市也都展開觀察。突然出現這種黑色類型，而隨著煤炭使用的衰退，又再次變回白色的樺尺蛾，其體色變化的原因，經由實驗證明，是其天敵鳥類獵食的強度差異所造成。

隨著分子生物學技術的進步，已鎖定造成樺尺蛾體色黑色化的色素沉澱的基因。如今已查明此種基因在染色體上的位置，可從中推測，在和工業黑化現象同一時間，樺尺蛾也出現會帶來突變的基因。

關於這種飛蛾工業黑化現象的故事，從十九世紀一直到二〇一二年的現今，始終都有個帶有生物學者氣息的秘辛代代流傳著。

是為了不被獵食才變色？

一八九六年，某位英國科學家提出假設，認為這種黑色類型的飛蛾之所以急速增加，是「因為鳥類獵食」。這位進行實驗，讓飛蛾躍上天擇的舞臺當主角，而且在教科書上占有一席之地的，是在牛津大學擔任研究員的凱特威爾（Kettlewell）博士。

博士所進行的兩種實驗如下。

一是指稱停在黑色樹幹上的黑蛾不易被鳥類發現的獵食實驗，刊載於一九五五年的《Nature》雜誌上。另一個則是在隔年公開發表的實驗結果，將黑色類型與白色類型的飛蛾標上記號，於都市和鄉下野放，然後調查何者存活的數量較多，這是名為「**標記再捕捉法**」的野外實驗。

從野外的調查中得知，黑色類型在都市的存活率較高，白色類型則是在鄉下存活率較高。確實是既簡單又出色的研究結果。

但這項實驗的簡單性，到了一九九〇年代，反而引來許多研究者質疑的眼光。當中有個點燃火種的原因。那就是凱特威爾博士的實驗從生物學的觀點來看，有幾項疑點。

主要的批判有三個。

①獵食實驗是用大頭針將死蛾釘在室內的樹幹上，讓鳥來選擇。飛蛾白天時應該不是公然停在樹幹上休息，而是躲在樹葉背面或是藏在葉片裡的樹枝上休息才對，所以遭受有違野外生態的指責。

②標記再捕捉法所用的飛蛾，是從各地蒐集而來加以飼育，以此做實驗，被批評不太適當。

③也有批評指出，這種夜行性的飛蛾，其獵食者並不是鳥，而是蝙蝠。

到了二〇〇〇年，這些批評在生物學者間散播開來。不論哪個領域，都有人會雞蛋裡挑骨頭，認為自己的觀點才新穎。當中甚至有人說，天擇說本身就是個錯誤。

自然界的生物知道答案

樺尺蛾在野外到底發生了什麼事呢？必須有人查明真相才行。這是對生態學者下的戰帖。

而正面接下這些質疑的，是劍橋大學的麥克・瑪杰魯斯（Michael Majerus）博士。他先對批判③展開挑戰。

博士在三個不同的地區，親眼觀察野放到夜間森林裡的飛蛾被蝙蝠獵食的情形。結果發現，蝙蝠會以相同的比例獵食黑色類型和白色類型的飛蛾。這麼一來，③的批判就此不攻自破。

博士接著在劍橋大學的庭院，從該年到二〇〇七年，長達六年的時間，徹底調查飛蛾休息的樹木。他用的方法很一板一眼，是逐一爬上庭院裡的樹木上仔細觀察。

他觀察過一百多隻飛蛾實際休息的場所，細數後發現有五成的飛蛾停在樹枝上，四成停在樹幹上，剩下的一成停在小樹枝上。而實際上，野外有四成的飛蛾，白天是停在樹幹上休息。

他還進一步在野外抓來總共四千八百四十六隻飛蛾，在身上標上記號，重新將凱特威爾博士以前所做的「標記再捕捉法」又重新做了一遍。後來以誘蛾燈調查得知，有八五％左右的白蛾和一五％左右的黑蛾存活，並實際確認有包含歌鴝在內的九種鳥類會加以獵食的現場。就此證實在白色的樹木上，黑蛾確實比較會被鳥類獵食。

這麼一來，「野外現場」便證實了這三種批判全都不成立。

但教授卻未能親自公開這項調查數據的發現。就在不久前的二〇〇九年，他因病倒下，就此與世長辭。

將他留下的數據資料歸納整理後公開發表的，是他的朋友，倫敦大學的吉姆．瑪雷特教授及其同伴，那是二〇一二年的事。其實我能體會瑪雷特教授的心情。當初我以客座研究員的身分在倫敦大學任職時，瑪杰魯斯博士就在隔壁的研究室擔任教授。教授和我一樣在進行生物的適應進化研究，所以我們常會一起聊天。

當時教授前往南美調查，罹患熱帶病，有好幾個月的時間都在鬼門關前徘徊。所以他應該很了解瑪杰魯斯博士如此賣力研究樺尺蛾的成果不能公諸於世，會有多麼不甘心。教授藉著他在英國皇家協會雜誌上所寫的論文，公開發表「透過鳥類的眼睛所看到的獵食行為，是出現樺尺蛾黑色類型的這種急速變化的主因，這自古就有的結論，我們必須接受，沒人可以逃避」。對於所有批判，他一概以瑪杰魯斯博士那務實的野外觀察做依據，加以否定。

對了，瑪杰魯斯博士在過世前幾年，曾經造訪我位於岡山的住處。我在大學的研究室裡，向他說明第二章所提到的「甲蟲裝死」的育種實驗，當時他一再叮囑我的話，令知道這個秘辛的我永遠都難以忘懷。

「想要知道生物的行動是如何進化而來，就得仔細觀察自然界究竟是發生了什麼事，這點很重要哦。」

自然界裡的生物發生了什麼事？這真的很重要。雖然現在已再也無法和瑪杰魯斯博士見面，但他留給我的訊息，我一直牢記腦中。

這在野外具有什麼意義呢？這個疑問正是應該認真挑戰的科學。這就像思考潛藏在人類社會中的各種道理，在我們所生活的這個社會中具有何種意義一樣，都非常重要。

現場究竟發生了什麼事？事先對此有正確的了解，是可以避免失敗發生的生存智慧。

攻擊用的「貝克漢型擬態」

之前我一再提到，被獵食者會和背景合而為一，以此藏身。而獵食者也會有以牠為食物的更上位獵食者，所以獵食者有時也會藏身。就像上司的上頭還有地位更高的上司一樣。

而這種獵食者的擬態，同時也具有危險性。

例如停在蘭花上的蘭花螳螂，有的模樣長得和花朵一模一樣。被稱為「**攻擊型擬態**」的這類型擬態，是以提出這個看法的喬治·貝克漢（George Peckhammian）博士的名字來命名，稱之為「**貝克漢型擬態**」。

螳螂是貝克漢型擬態的能手。牠們不時會停在枯枝前端，像樹枝一樣擺出伸長身子的姿勢。

誤將螳螂當作樹枝，而停在牠身上的蝴蝶會有什麼下場，不用說也知道。

而棲息在草原上的螳螂全身呈現綠色，所以不易辨認。只要前往東南亞，可以看到一種蘭花螳螂，牠會停在白色的蘭花上，完全化身成花瓣，靜靜等候蝴蝶或虻前來吸取花蜜。

為了不被職位比自己高的幹部發現而躲起來的上司，能以這種隱遁術接收部下所想的點子，當作自己的業績。

「突出」是警告的訊號

既然免不了突出，就盡情的突出吧，這就是接下來要談的主題。

如果極度突出，可就不是那麼輕易可以打壓了。你周遭一定也有像這樣充滿自信的人，或是毫不掩飾地散發出「如何，我很厲害吧！」這樣的精力，一面牽制著周遭人，一面在社會闖蕩，沒錯，就是那個人。

社會上不時會有這種類型的人存在。

生物世界裡當然也有這種類型的生物。仔細調查後發現，它有正反兩種不同的類型。一種是如假包換，「突出的傑出強者」，而另一種則是「假裝很突出，其實是懦弱的冒牌貨」。

不過，兩者一樣都是昂首闊步，向周遭傳達「我很可怕哦」、「我很難吃」、「我很危險哦」的訊息。這稱之為「**警告訊號**」，是早從數萬年前起，許多生物便已學會的生存策略。

真正的強者，有一股從容不迫、不為所動的氣勢。喜歡在閃耀著鈷藍色光輝的沖繩海裡浮潛的我，年輕時剛學會潛水，常以附橡皮的長槍刺魚為樂。

大部分的魚都會迅速逃離，沒有哪條魚會傻傻地等著淪為長槍下的獵物。不過有種魚明明也會游動，卻非常容易刺中。牠就是獅子魚（環紋蓑鮋）。

牠們完全不逃。飄然在海中優游，用長槍輕鬆就能刺中。獅子魚的身體就像穿戴了前衛的流行服飾般，全身包覆了朝四方挺出的尖針，極具神秘感。說來慚愧，當時我是聽住海邊的小孩子說才知道，牠的針有劇毒，碰不得。

這種長滿刺的前衛模樣，本身就是一種警告訊息。以獵捕其他魚為食的魚類，會記住牠的模樣，不靠近這名強者。為了讓敵人記住自己的厲害，必須慢慢讓敵人見識自己華麗的模樣，使其牢牢記住。

一般來說，擁有毒性的生物，為了讓敵人知道自己的存在，會刻意緩慢行動。在南方島嶼棲息著一種白底翅膀上有黑色花紋的大蝴蝶，名叫大白斑蝶。這種大蝴蝶飄然飛翔於空中，不過第一次看到時，還以為是報紙在空中飛呢。

這種蝴蝶的幼蟲從小啃食具有毒性的爬森藤長大，而鳥類只要體會過牠的毒性，就會記取教訓，不會想再吃牠。而牠的毒性含有一種會讓鳥類把蝴蝶嘔出的成分，因此這也給了鳥類一個機會，了解「這種獵物很難吃」。

如果這種毒蝴蝶飛得很快，又會是怎樣的情形呢？鳥兒會瞬間對會動的獵物有所反應，因此也許會反射性地展開攻擊。

但這種蝴蝶是採飄然飛舞的方式，所以鳥兒腦中「我記得這傢伙很難吃」的記憶會就此喚醒，蝴蝶也就此躲過鳥兒的攻擊。有毒的生物都會像這樣，刻意向敵人展示自己的存在，以喚醒敵人的記憶。

人類社會亦是如此。令周遭人敬畏的真正強者，會展現出沉穩的姿態，而一旦做好決定，就會悍然執行。要是隨便靠近，小看對手，就此冒然出手，就會嘗到慘痛的教訓，後悔莫及。如果極度突出，就沒人有辦法打壓了，因為大家都認同此人在這方面已達到極致，這才是真正可怕的強者。

就算是狐假虎威也無妨

有正牌貨在一旁，冒牌貨就會想加以利用，橫行霸道，此乃人世常情。說來也奇妙，生物的世界和人類世界根本沒有兩樣。

南美和北美大陸，棲息著一種紅、黃、黑條紋相間的毒蛇，名為珊瑚蛇。牠屬於眼鏡蛇科，會以強烈的神經毒讓魚、鳥類、青蛙麻痺，再加以吞食。

含劇毒的珊瑚蛇所棲息的森林裡，住著身上同樣有紅、黑、黃斑紋，和毒蛇長得很像的王蛇和牛奶蛇。真正的強者珊瑚蛇，其身上的條紋是紅↓黃↓黑↓黃↓紅的順序排列；而明明沒毒，卻狐假虎威的冒牌貨，其條紋則是紅↓黑↓黃↓黑↓紅，排列方式不同。

聽說就連當地的導遊之間，也都會像念咒語般流傳著一句話「紅黃相鄰會殺人，紅黑相鄰很安全」。但在草叢中是否能馬上辨識，實在教人不太放心。要是看到紅、黃、黑條紋相間的蛇，還是別隨便靠近的好。當有一條蛇從面前蛇行而過時，與其有時間看仔細牠身上顏色的排列順序，還不如先逃再說，這才是明智之舉。

不論是生物還是公司，小一點會比較輕鬆

乍看之下，外觀與危險生物很相似，但仔細看過後才發現是「不完全的擬態」，這樣的例子在自然界所在多有。舉例來說，像黃黑條紋相間的食蚜蠅[3]便是。

虻乍看之下和蜂很相似，但仔細看會發現，牠的體型又短又胖，說像又不太像。而虻原本就算是蠅的同類。

當牠突然飛來時，會讓人覺得「也許是蜜蜂」。對虻來說，這樣就

3 日文漢字寫作「花虻」。

對了。因為大部分的生物都懂得「君子不立危牆之下」的道理。

不過，也常會看到一些「擬態做得很隨便」的生物，讓人很想喝斥一聲「你們這些傢伙是真的想要擬態嗎！」這是為什麼？為什麼擬態有時候會不太完美呢？

其實答案很簡單。

被獵食者（部下）要對所有敵人（上司）做防衛準備，相當困難。無法只將注意力對準某個特定敵人，所以才會造成這種結果。

不光只有對敵人的防衛，為了生存，像生長、繁殖，以及對乾燥這類嚴苛環境的適應等，都必須將擁有的資源分配給多項工作。要針對某種生物進行完美的擬態，事實上真的有其困難。

二〇一二年，有人在《Nature》雜誌上提出一份報告，指出不完美的擬態之所以存在，其原因之一在於擬態的生物體型大小很重要。

對呈現黃黑相間的條紋，乍看像蜂的食蚜蠅展開關注的，是卡爾頓大學（加拿大）的湯姆・謝拉特（Tom Sherratt）教授等人。食蚜蠅是蒼蠅的同類，所以不會螫人或是進行攻擊，雖然不具危險性，但鳥類很可能在看到牠的瞬間，誤以為是蜜蜂。

教授他們針對三十八種會擬態的食蚜蠅和十種成為擬態對象的蜂類，詳細比較其體型大小、與擬態對象的蜂類相似度有多高。結果證實體型愈大的模擬者（食蚜蠅），與被模擬者（蜂）愈相似。

站在鳥類這種獵食者的觀點來看，在一次的狩獵中，獵捕較大的獵物比較有效率。

一再攻擊體型小的食蚜蠅，只會耗費體力，而且得到的報酬也比較少，很沒效率。因此，體型較大的食蚜蠅，獵食者對其施加的天擇壓力自然也愈大。儘管如此，獵食者在沒有獵物時，也只能轉為獵捕體型小的獵物。體型小的食蚜蠅，若與蜂類有某種程度的相似性，應該也就比較不會被獵捕。

然而，體型小的食蚜蠅與體型大的食蚜蠅相比，比較沒有防衛的壓力，所以比較能逃過天擇，有餘裕將能量投資在防衛以外的生存策略上。

就這樣，在食蚜蠅當中，出現了只要有兩成的比例行得通即可的「**帕累托法則**」[4]，它會依食蚜蠅的體型大小而定，體型愈大，愈要長得像可怕的蜂類，才會有利。換句話說，對所有資源都得投注在防衛策略上的大型食蚜蠅來說，根本沒辦法擁有「只要有兩成的比例行得通即可」的餘裕。

這與愈大的公司、應變能力愈差的這種現實情形極為相似，而小型企業和地方企業則是賭上公司的存亡，有可能進行大膽的構想轉換。相對於此，大企業則是依照固有的規則和組織規定，加諸各種限制。進化生物學教導我們，應變能力不夠靈活，將會後患無窮。

壞蛋角色「一臉壞樣」的理由

我們對於「壞人」的外貌，都有某個共通的印象，在電影、電視的世界裡，甚至有「惡役商會」[5]這樣的集團存在。為什麼他們會給人壞蛋的共通印象呢？

對於這樣的疑問，進化生物學也能解答。

德國的弗利茲・繆勒（Fritz Müller）博士，他住在巴西經營農業，同時寫了許多和生物們不可思議的生活有關的論文，是一位博物學者。在亞馬遜河流域住著許多名為袖蝶的有毒蝴蝶，牠們細長的黑色翅膀上，帶有鮮豔的紅白黃斑紋，感覺很濃豔花稍。這種難以下嚥的蝴蝶種類繁多，外觀看起來都很相似，「濃豔又花稍」。

不過，有毒的蝴蝶都帶有這種濃豔的色彩嗎？這是過去沒人有辦法解釋的謎。

4 產出或報酬是由少數的原因、投入和努力所產生。其基準線是一個八〇／二〇關係。結果、產出或報酬的八〇％取決於二〇％的原因、投入或努力。

5 在日本電影或連續劇裡飾演壞人的演員所組成的團體。

繆勒博士發現，這種帶有豔麗警告色的蝴蝶都很難吃，而鳥兒們想要學會這點，避開牠們，需要的是學習能力。鳥兒們一開始並不知道蝴蝶好不好吃，是在成長過程中一再吃到難吃的蝴蝶，進而從中學習，記住蝴蝶的色彩。難吃的毒蝶大多具有另一種化學成分，能讓鳥兒把牠們吐出來，鳥兒不會因誤食而死亡。只要讓牠們記住「這傢伙真難吃」就行了。

博士指出，難吃的蝴蝶為了提高這種宣告效果，得達到「相當程度的數量」，才能讓鳥兒們記住牠們很難吃。味道難以下嚥，而且又都有類似警告色的個體數量愈多，被鳥兒攻擊的個體就愈少，警告色的效果也就此增加。這種效果不只局限於同種類的蝴蝶，對類似的其他種類蝴蝶同樣有效，所以擁有警告色而且又難吃的蝴蝶，彼此會變得很相似。這也就是數量理論。

像前面所提到的蛇和青蛙等，所有具有警告色的生物之間模樣類似的現象，都能套用這個理論，所以對此現象，特別冠上博士的名字，稱之為「**繆勒型擬態**」。

舉個身邊比較常見的例子，像胡蜂這種可怕的狩獵蜂種類繁多，每個都是黑黃相間的虎紋，在空中嗡嗡嗡的來去。入秋後，進入繁殖期的最佳時節，胡蜂為了守護自己養育長大的妹妹們，會一面發出卡嚓卡嚓的警戒聲，一面發出「嗡」的聲音靠近。當多隻胡蜂在附近飛行，朝你展開威嚇時，這就是牠們重要的蜂巢就在附近的證據。這時候逃為上策。

顏色鮮豔的狠角色不光只有蜂類，青蛙當中也有身上帶有警告色的強者。在南美和北美大陸，進化成藍、黃、黑、綠等五彩斑紋，具有神經毒素的箭毒蛙，也是其中之一。

由於皮膚帶有劇毒，所以不會被鳥兒攻擊的箭毒蛙，全都有顏色鮮豔的皮膚。為什麼帶有毒性的狠角色，明明種類不同，卻都同樣有鮮豔的色彩呢？就像我前面所說明的，其原因就在於身為獵食者的鳥兒其學習能力。

對上司也是同樣的道理。上司也有其學習能力，如果你是真正的強者，就要將「如果忤逆這傢伙可就麻煩了」的意識深植上司心中。這麼一來，上司便會不時喚起這個記憶，而你與獵食者之間的關係，自然也就能變得更有優勢。

毛毛蟲和飛蛾眼珠圖案的真面目

進化生物學教導我們，有時候訓斥部下也是很重要的。

在熱帶雨林裡，身上長有眼珠圖案的毛毛蟲出奇地多。甚至有的毛毛蟲不光有眼珠圖案，乍看還會讓人聯想到蛇頭。

假設你是住在熱帶裡一隻約十公克重的小鳥。為了保有能持續飛行的能量，你必須不斷地四處飛行，找尋食物。這時，你突然從一處和樹枝重疊的葉片間看到一對會動的眼珠。

你還年輕，正準備找尋配偶，生下自己的孩子，有美好的未來等著你，你會用美貌吸引母鳥們，每年和不同的配偶一起養育孩子。也許還會想「偷腥」一下。

這時，在你眼前數公分處突然冒出一對眼珠。那究竟是可口的食物，還是可怕的獵食者？也許你會想後退幾步，仔細查個清楚。但如果那是可怕的敵人，這樣的判斷有可能會造成威脅，瞬間奪走你的一切未來，例如戀情、養兒育女（還有偷腥）。當感覺到有值得警戒的對象存在時，馬上逃離現場是最安全的做法。

現在眼前看到的是牛排，還是食之無味的乾麵包呢？不管怎樣，都只是一盤菜餚的選擇。你總不會為了一時不知該對菜肴做何選擇，而賭上自己的一生吧。身為獵食者的你，同時也是其他敵人的獵物，天擇絕不會放過如此粗心大意的獵物。

如果那是擁有一對大眼珠的獵食者，在你猶豫不決的瞬間，你已經從這世上消失。這在進化生物學上算是零分。馬上逃之夭夭才是正確做法。

擁有眼珠圖案的毛毛蟲，在小鳥們靠近的瞬間，會抬起牠的眼珠圖案，或是長得像蛇的頭部。這時，小鳥或是猴子、老鼠這類的小型哺乳類馬上會感到害怕怯縮，也是理所當然。小鳥和老鼠當然也一直都是抱持著恐懼在過日子。牠們對毛毛蟲來說，是可怕的獵人，同時自己也是蛇、蜥蜴、大型哺乳類、鵰、老鷹的獵物。

其實模仿蛇的模樣，或是擁有眼珠圖案的毛毛蟲，其進化的原因一直都被認為是長期模仿動物眼珠的擬態。對此，昆蟲學者布雷斯特博士於一九五七年提出一項假設，認為小鳥們感到「恐懼」的心理，或許就是促成毛毛蟲進化的原因。

然而，這項假設完全被人們所遺忘，長達半世紀之久。

賓夕法尼亞大學的丹尼爾・揚贊（Daniel Janzen）博士等人，於二〇一〇年的美國科學紀要中提出主張——「棲息於熱帶雨林的大型毛毛蟲，許多都擁有眼珠圖案或是像蛇的外貌，其原因就如同布雷斯特博士所提出的假設」。他們在哥斯大黎加的熱帶雨林裡觀察一百多種具有眼珠圖案或模樣像蛇的毛毛蟲，最後得到某個結論。

與其他生物模樣相似的「擬態」，唯有在有許多「難以下嚥」的模仿對象棲息的環境下，僅有少數的擬態個體存在時，才能發揮其效果。若是這樣，便無法解釋這些普遍棲息於世界各地的熱帶雨林中，令人看了嚇一跳的毛毛蟲為何能存在。於是他們做出結論，認定這種「恐懼」的假設，正是在許多小鳥和小型哺乳類環伺的熱帶雨林中，許多毛毛蟲身上都有眼珠圖案的原因。這個假設乍聽之下令人覺得頗有道理。

許多毛毛蟲確實都無毒，而且數量頗多。揚贊博士他們觀察到，毛毛蟲會在鳥兒們悄悄逼近的刺激下，將帶有眼珠圖案的頭高高抬起。不光是毛毛蟲。許多蛾的成蟲後翅帶有眼珠圖案或紅色，牠們同樣在感應到敵人帶來的刺激時，會抬起模樣樸素的前翅，展現華麗的後翅，就像閃光效果一樣。

就連我們乍看這些警告色時，應該也會感覺到「恐懼」吧。若是這樣，小鳥們感受到更強烈的恐懼，應該也是理所當然。天擇沒漏看小鳥們的這種情緒反應，讓毛毛蟲們的眼珠圖案產生進化。

但有件事非考量到不可。擁有眼珠圖案的毛毛蟲，並非只棲息在熱帶雨林，就連地處溫帶的日本，也有像鳳蝶幼蟲這樣帶有眼珠圖案的毛毛蟲棲息其間，而像蛇眼蝶這種帶有眼珠圖案的蝴蝶成蟲也不少……

因此，無法斷言所有眼珠圖案都是因為獵食者所抱持的「恐懼」而進化，而且獵食者對嚇唬和眼珠圖案也會習慣。

麻雀會危害秋天結穗的稻米，不過有人觀察麻雀會因眼珠圖案而感到驚嚇，不敢靠近水田，因而加以利用，成為在日本很普及的一種鳥類防治法。在日本的水田或果樹園裡，有時會看到眼珠圖案的氣球。經過證實，像這種眼珠圖案的氣球，的確會讓鳥兒們感到「恐懼」，能有效減輕鳥兒所帶來的災害。不過，這種防治法的最大難處，就在於鳥兒們會習慣。

如果水田裡一直都擺放眼珠圖案的氣球，起初的兩、三天，鳥兒們還會害怕，不敢靠近。但聰明的鳥兒只要過了一個星期，甚至是四、五天，就會完全習慣，而前來啄食稻米，不予理會。

所以農民們都會間隔幾天就擺出眼珠圖案的氣球、設置鳥兒一靠近就發出巨大聲響的裝置（和我們人一樣，突然發出巨大聲響，鳥兒也會感到恐懼），或是立起大家所熟悉的稻草人，為了不讓鳥兒們習慣「恐懼」，不斷想方設法。

為了稻米的收穫，農民和鳥兒們展開的這場攻防戰，就像是一場沒完沒了的遊戲，很難想出一套可以完全驅離害鳥的方法。以網子將水田團團包圍，讓鳥無法進入，這個方法最為有效，但以現實來說，是不可能的事。

這項事實教會我們一個道理，那就是——上司或母親如果老是罵人，部下或孩子會完全習慣，就此效果減弱，所以「罵人」的時機掌控很重要。令小鳥害怕的眼珠圖案要是一直都在，就失去意義了。以進化生物學的觀點來看，平時不會罵人的上司，在準確的時機下飆罵，效果最佳。

欺騙的建議

基於道德，我們不容許說謊，但如果是巧妙的謊言，則可以避免傷人。對道德感強的人而言，該怎麼說謊是很傷腦筋的一件事。不過，如果站在生物的原點來看，說謊的騙子根本就俯拾皆是。

號稱「擬態者」的生物們，若以擁有道德觀的人類眼光來看，簡直就是完美的騙子。不過這也是生物練就的正確存活策略所帶來的結果。

話說回來，在生物的世界裡充斥著謊言與欺騙，這是理所當然的事。強者周遭常圍繞著用謊言來保護自己的弱者，容易遭受敵人襲擊的弱小生物，既然誕生在這世上，一輩子就得不斷欺騙他人以求生存。

在人類社會中，老愛說謊的人會惹人嫌，但在生物界，卻有天生「靠說謊維生」的生物。如同我前面所介紹的，只要有生物對外宣告自己有毒，牠周遭幾乎一定會有沾牠的光，假裝自己也有毒的傢伙。

儘管自己沒毒，卻藉由和很難吃的生物長得像，而躲過獵食者的攻擊，這招高明。這稱作「貝氏擬態」。

大約一百五十年前，英國的昆蟲學者亨利・沃爾特・貝茲（Henry Walter Bates）前往亞馬遜河深處探險，見到有許多模樣和毒蝶很相似的粉蝶科同類（很可口），因而在一八六二年首次向世人提出擬態的想法。這是由「**被模擬者**」毒蝶、「**模擬者**」粉蝶，以及被牠們所騙而不加以襲擊的獵食者這三者所構成的進化遊戲關係。

為什麼說這是遊戲呢，因為模擬者的數量要是增加太多，獵食者就不再受騙上當，而會從中學習，進而開始攻擊模擬者。因此，模擬者往往無法在某個集團裡成為多數派。若以專業用語來說明，可稱之為「**負向頻率依賴選擇**」。

換句話說，欺騙的這項行為只有少數派才能從中獲利。一旦獲利，就能留下更多自己的孩子，而逐漸成為多數派；但是當數量增加到某個程度時，就會被獵食者記住，而開始被獵食，就此陷入不利的情況，而數量減少。此種情況一再反覆，就像某種遊戲一樣。

因此，模擬者的數量會比被模擬者少。

模擬者要增加自己的數量，有兩個方法。一是模仿擁有強烈毒性，令獵食者不敢招惹的被模擬者；另一個方法則是為了不讓獵食者記住牠的模樣，而讓多種類型的模擬者進化。

由於獵食者（上司）的記性有其極限，所以當有多種模擬者（部下）存在時，總有一方能獲救，就是這樣的道理。

綜合以上幾點，總歸一句，一切都得視敵人的能力而定。

在可以完美牢記一切的上司面前，不管部下能力再強，終究也不是其對手。不過，上司都很忙碌，而且通常都有點年紀，所以往往記性比你還糟，可以看準可乘之機，巧妙地安然度日，這是進化生物學上的正確做法。甚至可以說，看出敵人的能力，順利保住性命，正是本章介紹的各種現存獵物明哲保身的樣貌。

第四章

休息的建議

要以進化生物學的方式休息！

以進化生物學的方式休息是本章的主題。生物們採取「**巧妙的休息**」策略，一路進化而來。不懂得好好放個假，悠閒地享受閒暇時光的日本上班族，以進化生物學的觀點來看，這過的是一種錯誤的生活方式。

生物們其實都很積極地在休息，「**冬眠**」就是個很典型的例子。昆蟲和動物不是因為天氣變冷而休眠，而是事先得知天氣即將變冷，積極地為冬眠做準備。這種做法雖然是遺傳上的內建程式，但睡眠方式卻會依個別的動物或樹木而有不同。

不違背生物的原理，以自己的方式休息，這點非常重要。野生生物會在情況對自己不利時進行冬眠或遷徙，巧妙地度過那不利的時期。

冬眠與時鐘基因

避開惡劣季節的方法，以各種形式不斷進化，我們就具體來看看冬眠的情況吧。冬眠是棲息於溫帶的生物常見的現象，過去人們認為，在惡劣的季節除了睡覺之外，什麼也不能做，所以才冬眠。但生物們並非不得已才冬眠，倒不如說，牠們是很積極地展開休眠。

例如昆蟲，牠們也不是因為天氣變冷才急忙休眠。牠們會準確的感應出季節的變換，積極地打造出一個在天冷時可以展開休眠的身體。從秋天開始，牠們便會在體內增加具有抗寒性的荷爾蒙物質，以備冬天的到來。

在環境變化劇烈的場所，休眠的方法也會進化。例如在雨季和乾季區隔明顯的非洲，有一種生物每到乾季就會處於乾燥狀態，好幾個月都不會死，練就這特殊絕技。牠是沉睡搖蚊，生活在非洲很少降雨的地方。

牠們棲息在非洲大地的岩石上所形成的小水窪。奧田隆博士（農業生物資源研究所）等人解開沉睡搖蚊驚人的長時間休眠術之謎。

在沉睡搖蚊居住的非洲沙漠，連續八個月都不降雨。在這段時間裡，全身紅色，向來都被拿來當釣餌的沉睡搖蚊幼蟲一直都在休眠。甚至有沉睡長達十七年的幼蟲從休眠中復甦的例子，創下驚人的紀錄。

牠們在碰到水之前，可以一直停止代謝。不過，一旦碰到水，只要一個小時左右就能甦醒過來。這個謎的關鍵，在於牠會讓體內九七％以上的水分消失，取而代之的，是在體內貯蓄大量的耐乾性物質「海藻糖」，形成一種耐旱的結構。海藻糖是存在於天然界的糖，由於耐旱，常用它來保存食品，因而廣為人知。

把話題拉回四季鮮明的溫帶休眠吧。

我們人常是在天冷後才想到該拿暖爐出來，或是準備冬季毛衣，以氣溫感覺季節的到來，並加以因應。但隨著年份不同，會有暖冬和嚴冬之分。如果純粹以溫度當判斷的線索，則沒有毛衣和暖氣設備的野生生物可就危險了。只要溫度的解讀稍微出了點差錯，便有可能在天氣突然變冷時一命嗚呼。

因此生物們需要更準確地讀取季節轉換的訊號，做好冬眠的準備，以求生存。而這個訊號，就是正確顯示季節的「一天的長度」。不論這一年是嚴冬，還是暖冬，一天的長度在夏天到秋天這段時間，每天都會縮短固定的時間，而冬天到春天這段時間則會拉長，不會因年份不同而隨意變動。

為了讀取一天的長度變化，生物體內都有個能解讀時間的時鐘。我們體內的細胞中，有個能測量一天長度的「**時鐘基因**」。最近的生物學者以鵪鶉、老鼠、昆蟲進行研究，得知時鐘基因與測量一天長短的機制息息相關。

隨著季節變化調整身體節奏的能力，身為生物的人類當然也同樣具備。不過，隨著二十四小時燈火通明的便利商店問世，以及熬夜上網的習慣常態化，這種能力也隨之大亂。就進化生物學的觀點來看，這樣實在稱不上是正確的生活習慣。

彈性時間制是正確的做法

活在地球上的所有生物，幾乎細胞內都有時鐘，我們就來談談這件事吧。「**體內時鐘**」每到秋天，就會測量出每天逐漸短少的一天長度，降低體內的代謝，將能量轉換為脂肪。要用人類來實驗有所困難，所以從和人類同樣是哺乳類的老鼠身上得到資訊。邁入秋季後，老鼠為了能有效率地過冬，會積極地覓食營養豐富的樹果。

體內時鐘存在於我們體內的所有細胞上，測量每一天的長度。

對了，細胞內的時鐘，究竟是怎樣的一種構造呢？

只要試著將你的手表分解，應該就會明白。手表裡頭有許多用來讓指針前進的齒輪，秒針轉一圈，長的分針就會前進一分；分鐘轉一圈，短針所指的數字就會加一。

你體內的細胞塞滿了像齒輪般可以刻劃時間的零件，名為「**時鐘蛋白質**」。在細胞裡頭有一處名為細胞質的空間，細胞核就漂浮在這當中，而DNA就充塞於細胞核內。

像密碼般存在於DNA序列中各處的眾多時鐘基因，會下達製造時鐘蛋白質的指令。如此一來，在細胞質內便會製造出時鐘蛋白質，不斷增加。當細胞質內滿是時鐘蛋白質時，便會從細胞核內的DNA下達相反的指令，告知可以不必再製造了。

從細胞質內滿溢而出的時鐘蛋白質，一受到早晨陽光的刺激，便會分解，逐漸從細胞質中消滅。如果充分照射陽光，使得細胞質內的時鐘蛋白質減少過多，則細胞核內的時鐘基因就會再度下達時鐘蛋白質增產的指令。藉由「製造」和「停止製造」的指令，在細胞質內增減的時鐘蛋白質，形成了增減的週期，這個週期約二十四小時。

而我們每個人都沒有二十四小時準確無誤的時鐘，這點正是和機器運作的時鐘不同的地方。有人的時鐘是一天二十三小時四十分，有人的時鐘則是一天二十四小時又五分鐘。每個人的特性不同，體內的時鐘也不例外。大約就是二十四小時，所以生物時鐘又稱作「**概日時鐘**」（大致的一天時鐘）。在晝夜的環境下，接觸到朝陽後時鐘就重設，所以我們人才能配合二十四小時生活。

如果讓一個體內時鐘比二十四小時還短的人在漆黑的環境下生活一個星期以上，他起床的時間會變得愈來愈早。

就像這樣，我們從中明白，體內時鐘的長短因人而異，體內時鐘一天的時間比較長的人，算是夜間型，時間較短的人算是早晨型。

體內時鐘的研究者當中，甚至有人提出極端的主張，認為每個人都有不同的體內時鐘，所以強迫大家早上八點半開始上班上課的這套社會系統本身根本就有問題。而且生活節奏也都有每個人各自的特性。如果真的認為尊重特性的教育很重要，那麼，定時上課的學校系統，就進化生物學的觀點來看，有可能只是在強迫他人。

如果坦率地遵從體內時鐘的長短，則我們可以說，引進彈性時間制才是符合進化生物學觀點的正確工作方式。

為什麼人類隨時都能做愛？

什麼時候該做「那件事」呢？自己不能決定的事情本身，就會給人增添煩惱。什麼時候休息好呢？現在休息的話，會不會變成是在摸魚？什麼時候玩樂好呢？如此暗自苦思時，時間已白白流逝。

在此舉個誇張的例子吧。什麼時候做愛好呢？這也是個煩惱。如此奢侈的自由，生物中大概也只有人類才擁有。生活在野外的大部分生物，什麼時候能交配，可說是一生當中最重要的活動，一般都只限於可交配的季節或某個時間帶。

舉例來說，像貓或猴子這類的哺乳類，大多有其發情期。一旦錯過這個機會，雌性絕不接受交配。我年輕時，有一段時間全神投入農業害蟲瓜實蠅的繁殖行為研究中。這種瓜實蠅只有黃昏時大約四十分鐘的交尾時間。

瓜實蠅晚上會躲在葉子背面睡覺，由於一動也不動，所以用睡覺來形容很正確。牠晚上之所以不會四處亂動，是因為四周有許多守宮、老鼠、蜘蛛等敵人埋伏。早上經晨光照射後開始行動，舔食沾在葉片上的動物糞便等蛋白質，以此補充精力。從下午開始，雄性們的行動突然變得活潑起來。每天到了黃昏時分，雄性們便成群組成聯誼會，地點都在後山一帶的固定樹木上。雌蠅們則是從下午三點開始，從四面八方往那處聯誼會的場地聚集。

在天色轉為橘色時，雄蠅們會圍著樹上的葉子展開搶地盤的爭鬥。自己所占據的葉子上，若有其他雄蠅前來，就朝對方噴費洛蒙加以驅趕。如果光憑費洛蒙攻擊還無法搞定，便以前腳攻擊對手，或是猛然撲向前展開衝撞。

雌蠅們在這眾多的葉子當中，似乎大多會造訪陽光照射充足的特定葉子，所以雄蠅們才會拚了命搶地盤。而雌蠅造訪葉子，僅有太陽下山前的短短四十分鐘，要是錯過這個機會，這天就沒辦法交尾了。每天雄蠅們都為了這一刻而卯足了勁爭奪。

儘管在地盤爭奪中獲勝，有機會邂逅雌蠅，造訪葉子上的雌性也不保證就能接納雄蠅。有人實際在野外針對有多少雌蠅會接納雄蠅展開觀察，結果得知，竟然只有百分之幾的機率。此外，雄蠅每天都能交尾，但卻有幾乎無法交尾的雌蠅存在。

這種瓜實蠅的情況其實已經算不錯了。就算當天沒能交尾成功，日後還有幾天的機會可以邂逅雌蠅。但在生物的世界裡，有些生物和某種松鼠一樣，雌性一年當中只有短短幾天肯接納雄性。

像這樣只能在有限的時間裡交配，這當然有其進化生物學方面的理由。

這關係著孩子們能否平安長大。在埋伏著許多獵食者的野外，孩子要能活命，實在很困難。像在孩子剛誕生這段期間，或是季節轉換時，生下的孩子們很容易因為遭遇敵人攻擊而全滅，或是因寒冷而凍死。從孩子全滅的時間點往回推，思考什麼時候養育孩子比較適合，結果造成允許交配的時間受限。

以我們人類的情況來說，我們受到良好的育嬰系統保障，所以物競天擇對於何時非生產不可的這項限制並未產生影響。在暖氣和防寒用具發達的人類社會，孩子不管什麼時候誕生，都能順利長大。就進化生物學的觀點來看，這就是讓我們可以輕鬆自在的原因之一，只要有意願，隨時都能做愛。

換句話說，在還沒具備養育孩子的餘力時懷孕，當然會很傷腦筋。以人類的道德觀念來看，考量過扶養能力後才生孩子，是理所當然的事。雖然也有人說，孩子就算沒有父母也會自己長大，但養育孩子時機和允許做愛的時機，在漫長的歷史中一直保有緊密的關係，而且一路進化而來。

如果放任違背生物學原則的生育方式不管，則這種社會早晚會遭遇淘汰的浪潮來襲，沒有道德感的世界將會再度來臨。這是進化生物學給我們的訓示。

蝗蟲的大遷徙與勞資糾紛

日本位於四季分明的溫帶地區，這裡有許多生物每到冬天就會為了過冬而休眠，以度過嚴苛的環境。但在只有雨季、乾季這兩個季節的熱帶，動物們大多不會冬眠。取而代之的，是為了尋求會下雨長草的地方而持續遷徙。生活在這種環境下的生物，則是將充滿彈性和變化的系統加入基因中，一路進化而來。

像有名的沙漠蝗蟲黑化的故事，就是個例子。

在非洲，平均十年就有一次會爆發大量的沙漠蝗蟲，大舉遷徙，連遠在千里之外的日本也不時會聽聞這個消息。蝗蟲大量發生，也曾記載於舊約聖經的〈出埃及記〉中，所以我們從中得知，這種情形早在遠古時便已經反覆發生。賽珍珠在她一九三〇年所寫的《大地》一書中，有一段成群的蝗蟲像黑雲般飛來，轉瞬間便將農田啃食殆盡的描述。

若長期不雨，長草的地方就會受限。如此一來，蝗蟲就會從四面八方往有限的草地集中，對聚集過多的蝗蟲來說，草地空間不夠。當所有蝗蟲都在已經夠少的草地上產卵時，幼蟲們為了找尋有限的食物，會聚集在一起。牠們受到蝗蟲同伴的刺激，色素沉澱，體色開始由綠轉黑。此外，翅膀與身體相比顯得特別長，因而能為了尋求新的草地而一起飛翔。

分散各處的草地上，全都出現這種黑色蝗蟲，牠們早晚會成為一批大軍團，成群結隊黑壓壓地覆滿整片天空。曾有一群多達一千億隻的蝗蟲，覆滿一千八百公頃天空的紀錄，超乎想像。一面進行長距離遷徙，一面持續尋求新的草地，以度過這不利生存的乾季，這種生存方式從遠古便一直反覆發生。

在日本，誕生許多蝗蟲的河灘草地，後來因為防洪的功用而消失不見，但以前也不時有發生大量飛蝗的紀錄。現在日本唯一還會發生大量蝗害的地方，就只有整片都是甘蔗田的琉球群島。那裡有時會出現大量的臺灣土蝗。我也曾在沖繩離島親眼目睹過組成蝗蟲大軍的土蝗。有趣的是，這批大軍的末路著實悲哀，全都染上絲狀真菌，紛紛死去。

感染真菌的蝗蟲爬上甘蔗的長莖頂端，緊抓著葉子就此乾枯死亡。全身覆滿絲狀真菌的蝗蟲屍體，只要風一吹，真菌就會化為孢子擴散於空中，找尋新的宿主。真菌會讓蝗蟲自行爬上長莖頂端，而這數萬年來，蝗蟲也一直不斷和這種堪稱疾病的敵人對抗。

蝗蟲只在沒草可吃、環境惡劣的情況下，體色會變黑，像失控一樣組成巨大的集團，大舉遷徙。但如果在良好的環境下，牠們不會這麼做，只會在生長的環境裡各自保有綠色的體色，努力不讓敵人發現，過著平靜的生活。

在大組織裡，有餘裕時就待在自己所處的環境裡，一面打混，一面低調的度日。但如果組織走錯了方向，演變成勞工走上街頭，爆發勞資糾紛時，就與這種現象頗為雷同了。隱隱覺得，在長年的進化過程中得到瞬間黑化這項技術的蝗蟲，教會我們明白一個道理——只要環境安定，就可以過著低調的生活，用不著太拚命。

人類也需要蛹化的時間

在成長過程中會大幅改變原本樣貌的「**變態**」這種機制，有些生物能讓它進化。像是從蝌蚪變態成青蛙的蛙類，以及歷經蛹的階段變為成蟲的蝴蝶和獨角仙這一部分昆蟲，都是有名的例子。

牠們透過變態的結構，突然改變原本的生活型態，是藉由這種做法來適應環境的生物。

在敵人眾多的地面上振動翅膀，努力求生的昆蟲，在情況不利的時期，會改為在地面下生活。只要來到地面上，就會有許多敵人。為了繁殖而飛往敵人眾多的天空，得冒風險，而為了迴避這樣的風險，昆蟲會潛伏在地面下，直到時機成熟。

沒必要在敵人特別多的時期堅持自我主張，害自己受傷。生物的一生很長，在能夠堅持自我主張之前，先潛伏等待機會，也算是生物的智慧。一旦飛到地面上，就得變身成專為繁殖用的生物。

許多讓變態這個結構產生進化的昆蟲，在變態前的幼蟲階段，只專注在進食和生長上，等變態後長為成蟲，則是專注於找尋異性。為了不同的目的，以不同的模樣進化，此乃極致的生活分工。

嚴格來說，我們人類並沒有變態這樣的結構。但人的一生，同樣也是由不同的分工結構所構成，可分成青春期的前後。小孩子在父母的保護下，專注於睡覺、吃飯、生長這樣的生活模式；另外，父母會

教導在社會上生存所應具備的事項。換言之，這是學習生存智慧的時期。

而經過青春期後，人們步出社會，切換成找尋異性，為自己留下後代的生活方式。一旦長大成人，就得在強敵環伺的社會上求生存。原本保護自己的父母已離自己很遙遠。現在最重要的目的是邂逅異性，留下自己的子嗣。那些努力這麼做的人，為我們延續了人類的歷史。

青春期就像是一種蛹。也可說成是封閉在自我的硬殼中，探尋對這社會的適應性，一個很重要的時期。昆蟲的蛹能讀取一天的長短，探尋來到地面上的適當時機。看準能遇上最多異性的時機，羽化來到地面上，這是昆蟲所追求的目標。

孩童想要成為大人，完成如此重大的轉變，需要像蛹一樣的「休息」時間。變身成蛹之前的孩童，有許多不必知道的資訊。逃離敵人的獵捕、成長、找尋交配的對象，要一次進行這麼多事是不可能的，生物的能力終究有其極限。因此，變態這項結構才會不斷進化。

如今所有資訊都公開在網路上，孩童與大人皆可瀏覽，沒有區隔，這樣的現代社會是生物進化史上未曾有過的事態。分配給「休息」這項活動的時間和貯蓄的能量，不斷遭到削減。

生物並非萬能。到目前為止，還沒有如此進化的生物，能適應所有近逼而來的事物。生物一直都在名為「權衡（Trade off）」的二律背反制約下展開進化。不是因為累了才休息，而是要採取「積極的休息」方法，這才是符合進化生物學的正確做法。

不管對象是成年還是未成年，資訊都像洪水般不分晝夜地不斷湧出，這是現代的寫照。怎樣才是「符合進化生物學的休息方式」，現在是該認真思考這問題的時候了。

第五章

寄生的建議

弱者以自立為目標，是錯誤的做法

有錢有勢的人，身旁總是有人緊緊跟隨，這是現實。但並非只有人類才這樣。這是生物的本能。事實上，在生物世界裡，資源豐富者總會有很多「寄生者」。

寄生一詞，也可改說成是馬屁精、跟屁蟲、靠父母養的尼特族、繭居族等。在人類社會中往往被冠上負面的形象，但在生物界，像這樣的寄生生活卻是長期進化而來的正當生存策略。

寄生符合生物學的觀點。

在人類社會裡，總會積極地想讓這樣的寄生者有危機感，並解救這些弱者，提供他們安身立命之所，讓他們可以自立。不過，若從進化生物學的觀點來看，弱者以自立為目標，根本就是錯誤的做法。

派系的本質是「利己的群體」

仰望天空，可以望見成群的飛鳥；海中的魚兒也是成群優游，乍看像是和諧地群聚在一起，但牠們這絕非是互助合作。成群的一隻鳥或一條魚，是寄生在群體這樣的存在中。

舉例來說，你在公司裡也都是和同事們聚在一起對吧。大家都會替他人著想，彼此和諧共處，這根本是自以為是的痴心妄想。若從生物群聚的本能來看，這實在是天大的誤會，簡直就是自己在幻想。因為是弱者採取利己的行動，所以才形成群聚。

在此介紹威廉・漢彌爾頓（William Hamilton）博士（英國）於一九七一年提出的說法吧。博士解釋道，生物的群聚，是聚集的每一隻鳥或每一條魚採取利己的行動所造就的結果。

根據博士的說法，群體形成的結構非常簡單。我們就以在天空飛的鳥來進行思考吧。假設現在有兩隻小鳥在空中飛，當有另一隻小鳥想飛上空中時，飛在既有的那兩隻小鳥中間是最安全的做法。因為從遠處雲縫間襲擊而來的猛禽，最先會盯上的目標是位於外側的小鳥。

此外，新加入群體的小鳥，會想飛在那三隻小鳥中間。如果是像這樣，想擠進已經在天空飛的小鳥當中，自然就會形成群體。大家都競相擠進群體中間，群體中間最為安全，就這樣慢慢形成了動物的聚合體。

漢彌爾頓博士形容這是「**利己的群體（selfish herd）**」。

弱者藉由和弱者們相互寄生，以保護自己不受社會上的敵人侵擾，這是生物世界的現實。弱者們藉由和他人一起行動，期待就此得到眷顧，結交同伴。換句話說，因為弱者們「想和人結伴」的利己欲望達成一致，才得以聚在一起成為群體。沒錯，這也就是派系。

「湯姆貓與傑利鼠」和寄生蟲

湯姆貓和傑利鼠，一部於一九四〇年公開播放的美國卡通，描述感情好的一對貓和老鼠之間的追逐打鬧。不過這場打鬧劇也很可能是寄生蟲與貓咪間的你追我跑。

貓咪向來都會瞬間被會動的東西吸引注意，而朝對方展開追逐。有種寄生便是利用貓的這種習性。牠是肉眼看不見的微小寄生生物，名叫弓蟲。

牠們一般是棲息在貓的體內，但這種寄生者不見得一開始就能寄生在貓的體內。雖然會寄生在鳥類或老鼠身上，但只要是在貓以外的個體內，弓蟲只能進行無性生殖，也就是不需性別，持續繁殖。

雖然是無性生殖，但一樣能持續增加擁有自己DNA的子孫，所以應該是沒什麼問題吧，或許有人會這麼認為。不過，沒有性別的無性生殖有個致命的弱點，那就是當環境變化時，無法擁有遺傳的多樣性。透過擁有雄性與雌性這兩種性別，孩子由母親與父親的DNA組合而成，就此獲得多樣性，在嚴苛環境下存活的可能性也才能提高。

那麼，寄生在老鼠體內的弓蟲又該怎麼做呢？牛津大學的動物學者曼紐・巴德伊博士等人，著手調查這個答案。博士他們於二〇〇〇年發表報告，指出感染這種寄生生物的老鼠，與未感染的老鼠相比，行動更為活潑。

行動活潑的老鼠，被貓獵食的風險大大提高。這麼一來，弓蟲也就能在貓的體內分成雌雄兩種性別。也就是說，牠們能展開有性生殖。如果老鼠被貓吃了，弓蟲就獲得了性別，自己子孫的生存率也得以提高。

讓傑利這隻老鼠活潑地四處跑，以吸引湯姆這隻貓的注意，這有可能是出自弓蟲的策略。他們並非感情融洽地打打鬧鬧，而是被寄生生物給耍得團團轉——有這個可能。

寄生生物會改變宿主的行動，照自己的意思走。以人類的情況來說，正因為有人照顧，才會成為尼特族或繭居族。他們順利地操控父母，這與感染寄生對象、從中汲取營養的寄生者如出一轍。請各位不要誤會，本書想探討的，並非是人們的生活方式對錯與否，因為就進化生物學的觀點來看，這是很正確的生存方式。

再舉個常見的例子吧，假設你感冒了。病毒造成的感冒初期症狀，是發燒引發的喉嚨或全身多處關節的疼痛。發燒是染病的人想殺死病毒的免疫反應，也就是你身體自我防衛的一種展現。而過幾天後，開始出現咳嗽、流鼻水等症狀。這都是病毒幹的好事，因為牠想離開你的身體，所以操控你將牠排出，企圖轉移到他人身上。

寄生生物就是像這樣操控牠所寄生的宿主行動。

操控螳螂的線形蟲

螳螂平時都躲在葉子底下，隨風擺動，等候獵物靠近。為了不讓以牠為食的鳥兒或蜥蜴等獵食者發現，牠都佯裝成是葉子。

但有時在盛夏的大白天裡，螳螂會大搖大擺地出現在路上的日照處。理應是躲在樹蔭處，小心翼翼地進行狩獵準備的螳螂，此時出現在大太陽底下，並非出於牠的本意。

誘導螳螂從安全的樹蔭來到陽光照得到的路旁，這其實是寄生在螳螂體內，不斷扭動、模樣像黑色導線的線形蟲所為。線形蟲會改變螳螂的行動，為了讓牠前往水邊，而促使牠來到陽光照得到的地方。

被寄生的螳螂來到水邊後，線形蟲便能自由地在水中優游，找尋配偶，交配產子。牠的孩子會被棲息在水中的蜉蝣幼蟲吞食，而羽化變為成蟲的蜉蝣則會被螳螂獵食。線形蟲無法在螳螂體內繁殖，所以為了回到牠原本水中的棲息地，牠改變螳螂的行動。

最近不光是螳螂，有許多人也被操控了，不是嗎？那就是網路社群。沒想到像部落格這樣的網路社群，竟與寄生生物如此相似。因為使用它的人類，行動有可能會受到操控。聽說有不少人為了更新部落格，而特別到餐廳去吃某種食材（拍照）。

「我正在當小偷」在推特上發了這樣的推文，而被警察逮捕，像這種怎麼看都不太正常的行徑，就在最近發生了。這種行為在人類的道德世界裡當然無法理解。但如果將這樣的推文看作是被寄生者操控，那就能以進化生物學的觀點加以理解了。不過，思想控制是很了不起的寄生者。容易受網路操控的現代人，對於突然出現的新流行，沒有足夠的進化時間可產生免疫力，這或許也是個可憐的淘汰案例。

正確的思想控制者，得時時解救被感染者才行。在思想控制者的引導下，得到救贖的人能得到幸福。因為就寄生者的立場來看，盡可能多製造一些感染者，自己也才能活命，這就進化生物學的觀點來說，是正確的做法。

既是這樣，也難怪全世界圍繞著信仰引發的紛爭層出不窮。因為對人們來說，這是無法適應的行為，但控制者（宗教）卻能廣為在世上散播。

操控上鉤的人們，甚至不惜驅逐被其他寄生者操控的人們，以擴張自己的勢力，這正是寄生進化的結果。

左撇子寄生在右撇子上

你知道魚也有右撇子和左撇子之分嗎？

堀道雄教授（京都大學）為了將非洲人從坦干依喀湖捕撈到市場販

售的慈鯛做成標本，用洗衣夾把魚吊起來曬乾。這時他發現，在非洲的烈日下曝曬的魚，可分成身體往右彎曲與往左彎曲兩種。為什麼會有這種現象呢？

這種魚早從遠古時期，就一路在湖水不曾乾涸的古老湖泊中進化而來，是會吃其他魚身上鱗片的肉食魚，而教授發現牠們的嘴巴所朝的方向各有不同。也就是說，身體往右側彎曲的魚，嘴巴嚴重往右歪斜張開，而身體往左側彎曲者，則是往左張開。

左撇子的獵食者會從左後方擊襲牠要獵食的魚，並剝下對方的魚鱗吃掉。因此嘴巴進化成朝向右邊。相反的，如果是右撇子魚，則是嘴往左側開。

那麼，為什麼會有右撇子和左撇子之分呢？其實，當右撇子的魚比較多，左撇子的魚比較少時，幾年後，就會改成左撇子的魚多，右撇子的魚少。這樣的鐘擺效應在這種古老的湖泊中反覆上演，這是長達十年的時間，一直都徹底檢視魚類標本的教授所調查得知的結果。

當湖中左撇子的肉食魚較多時，從左後方被攻擊的獵物就常淪為牠們的食物；因此，往反方向逃脫的獵物也就此變多；當左撇子的肉食魚變得不利後，這次改為右撇子的肉食魚數量增多。教授還調查得知，這種魚是左撇子還是右撇子，是經由遺傳而來，並將研究結果發表於一九九三年的《Science》雜誌上。

左撇子的肉食魚寄生在以量取勝的右撇子魚集團中，右撇子的魚則是寄生在左撇子的集團中，可就此提高其占有率。不管是哪一邊，只要被寄生，就會在一定的程度下（吃鱗片的魚，其左右撇子較多的一方，不會超過七成）翻轉局勢，由於有這樣的機制在運作，所以不管哪一方都不會在湖中占有全部的比例，只會時而右撇子多，時而左撇子多。不是吃掉對方，就是被吃，以五年為一週期。

主張利己群體的漢彌爾頓博士曾告訴我，棲息在南美智利的鍬形蟲，也有右撇子和左撇子之分。那是一九九〇年，約莫四分之一個世紀前的事。當時我還年輕，在沖繩縣公所工作。

當時日本頒獎給科學家，博士前來受獎，順道造訪沖繩。那時候我正在研究雄性之間以發達的後腳相互競爭的椿象，和漢彌爾頓博士聊起了椿象。

結果博士告訴我他自己感興趣的智利鍬形蟲。雄性之間以大顎互鬥的鍬形蟲，有大顎為右撇子的集團和左撇子的集團之分。在右撇子的雄性中，擁有左撇子大顎的雄性很會打架，比較占上風，而在左撇子集團中，則是相反。博士還畫圖仔細說明左右撇子的事。

到底鍬形蟲有沒有左右撇子之分，之後應該是沒人提出驗證，但左右撇子甚至會決定擅不擅長打架，這個點子倒是令我很感興趣。

以我們人類的情況來說，右撇子的人占絕大多數。大部分的道具和用法也都是供右撇子使用。在這種情況下，左撇子比較有利，像左撇子的棒球選手算是少數，所以表現活躍，這項事實就能證明這點。

人的行動不是光靠遺傳來決定。右撇子、左撇子也是遺傳，但由於左撇子要在社會上生存比較不利，所以小時候遭父母強制修正的例子也不少。左撇子的人只有一成左右，研判就是這個緣故。

若以進化生物學的觀點來看，左撇子的人非但不會有不利之處，還更應該巧妙利用這個右撇子的社會，以此成為自己的武器。

世界上滿是鮣魚

像鮣魚這樣，有強者在的時候，就躲在其背後生存，這也是符合進化生物學的一種策略。就像是跟在好上司身邊工作，就會有好工作上門，一樣的道理。

因此，在好上司跟前努力討其歡心，就是我在這裡想說的主題。

如果你是個小生物，建議你採用寄生在大生物身上以求活命的「鮣魚生存術」。寄生在大型生物身上生活，受其保護的生物，如果要舉例的話，光一本書寫不完。在生物的世界裡，鮣魚策略隨處可見。

走在山野中時，黏附在身上、名為鬼氈草的植物種子，以及在植物身上等候人類或動物路過、神不知鬼不覺的移往其身體上的蜱蟎等。這些採用鯽魚策略的生物，會利用我們這些大型哺乳類動物的身體來搭便車，成功將自己的ＤＮＡ大範圍散播出去。

當中也有吸食動物的血來繁殖，散播病毒疾病或萊姆病的蜱蟲。最近常呼籲在山野中行走時要特別小心蜱蟲，所以牠相當有名。若站在病原體無法自行擴展生活範圍的立場來看，牠是藉由感染蜱蟲，或透過蜱蟎當媒介，附著在野鼠或野狗身上，以增加自己新的棲息場所。野鼠或野狗常帶有這種病原體，所以就算感染也不會發病。

偶爾當身為宿主的蜱蟎附著到人類身上時，因吸食人的血液，使得病原體入侵體內，我們人的身體將牠認定為異物，引發免疫反應，就此產生麻煩的症狀。這一切都是想擴大自己棲息範圍的病原體和蜱蟎的本能所帶來的結果。在寄生時，如果不能找到好的宿主，就會給其他生物帶來不好的影響，這是以進化生物學的觀點所做的解釋。

好的宿主、上司、伴侶，決定一切

對寄生者而言，最好的宿主是不會將牠當異物看待的同種生物。在廣大的生物界中，最適合的宿主，便是同種類的雌性。綠叉螠（Bonellia viridis）這種棲息在海中、模樣宛如蚯蚓般的生物，教會我們這個道理。

棲息在海邊的綠叉螠，從卵中孵化後三週的時間裡，能否遇見雌性，將決定其性別。

如果沒遇見雌性，自己便會成為雌性，開始以雌性的身分在海底的岩石間生活。但如果遇見雌性，則會讓對方將自己吸入口中，化為雄性，一輩子都在雌性的生殖管中生活。雄性的體長很小，只有雌性的數千分之一，從此不會再長大。

由於是在同種的雌性體內，所以當然不會被當作異物，而有不幸的下場。非但如此，在雌性體內不會有可怕的獵食者，還能從雌性那裡取得營養。往後的生活，就是以自己的精子，讓雌性這個永遠棲息地的卵子受精。

挑選好的宿主、好的上司、好的伴侶，將決定往後的命運，這麼說一點都不誇張。這同時也是進化的歷史教會我們的道理，人類的社會亦是如此。

從寄生轉為共生關係比較有利

之前我們主要著眼的是吃與被吃，或是寄生這樣的關係，這些都是某一方單方面搾取另一方資源的構造。假設眼下有你我兩人，對我來說是加分，對你卻是負分，這樣的關係便算是獵食或是寄生。這種情況下，我便是你的寄生者（或是獵食者）。

但這世界並非這麼單純。當然也有對你我來說都是負分，雙方都討厭的關係存在。這就是彼此互為競爭者的關係。

如果我攻擊你，你也會攻擊我，雙方大打出手。軍備競賽就是典型的例子。當軍備競賽開始看出優劣之分時，位居劣勢的一方當中，就會有想要瞞著我方通敵的內奸出現，這往往就是寄生的開端。

如果說雄性與雌性的關係，也是由軍備競賽進化成寄生的結果，你是否會覺得很驚訝呢？我們稱之為雌性的一方製造出配子（Gamete）的卵，以及我們稱之為雄性的配子的精子，一開始就是這樣的模式。

雄性這個存在，原本也是產自於寄生。當初同樣大小的配子，當中有一個想成為營養豐富的配子，就此開始與其他配子比誰體型大。這就是卵子的起源。而在體型上比不過的失敗組配子們，為了寄生在那個最大的配子上，而逐漸小型化，最後變成僅保有資訊的ＤＮＡ，以及用來抵達那個大配子的鞭毛。擁有能產卵的大配子，即是雌性，而成為寄生者的，則是擁有精子的雄性。

就像這樣，雄性最初是從寄生而來，但是對有性生殖的生物雌性而言，雄性是不可或缺的存在。少了雄性，雌性便無法繁殖。如前所述，有性生殖能藉由交配迅速改組基因，所以在變化顯著的環境下，對無性生殖不利，對有性生殖有利。

而在寄生者當中，也出現像這樣與宿主建立共生關係者。交配對雄性和雌性都有其優點，雌性會找尋優質的雄性，挑選自己的配偶。關於生物的雄性與雌性交織而成的這個不可思議的世界，請參考拙著《戀愛的雄性會進化》（恋するオスが進化する）。

老天會幫助突顯自己的人？

雖然在第三者提到對抗獵食者的策略，不過敵人與獵物之間，存有某種很發達的共生關係。最有名的例子，應該就屬生活在非洲草原上的犬科肉食動物非洲野犬和湯氏瞪羚了。

瞪羚這種草食性動物一發現非洲野犬來襲，便會刻意展開彈跳。

對松鼠科的小動物地松鼠來說，蛇是難纏的天敵。蛇有時會潛入地松鼠居住的洞穴中，要是粗心大意地回到巢穴裡，便會命喪蛇口。這時地松鼠會豎起自己的尾巴，讓它看起來比較大，並對著蛇搖尾巴。有必要這樣刻意告訴敵人自己來了嗎？

以往都認為，採取這種行動，刻意告訴敵人自己的存在，用意是在通知同伴，有敵人在這裡，也就是「**警告訊號**」。在一些軍隊故事中，仍保有餘力的人為了保護受傷的同伴，刻意向敵人突顯自己的存在，讓敵人遠離虛弱的同伴，這種展現友情的場面常看到對吧。

然而，阿莫茨·扎哈維（Amotz Zahavi）教授（臺拉維夫大學）認為，這種對敵人突顯自己的行為，並不是為了解救同伴，其實是為了讓自己獲救，而向敵人傳遞的訊號。根據教授的說明，告訴敵人我精力充沛，還保有餘力，這種行為對敵人來說，也有其意義。

就非洲野犬來說，一再全力奔跑，追捕獵物，也很耗費體力。事先保有體力，只在可以確實打倒獵物的時候才使用，這才是符合進化的正確生存策略。不該隨便浪費體力。就非洲野犬來說，這個獵物究竟是看起來體力充沛，不容易追得上，還是顯得很虛弱，有可能吃掉牠呢？要是在展開追逐前便可事先明白，就能展開更有效率的狩獵。就這樣，獵物（部下）和獵食者（上司）彼此共享利益。

事實上，根據劍橋大學的費茨吉本博士的調查，非洲野犬常追逐的不是蹦蹦跳跳的瞪羚，而是不太跳躍的瞪羚。

從動物身上可以看到這種突顯自己充滿餘力的行為，和世界各國歷史中的威嚇力很相似。舉例來說，像擁有核子武器，向人突顯自己的實力；藉由濫用化學武器，讓對手備感威脅。為了讓對方放棄攻擊我方，而傳送訊息的這種行為，在道德上雖然頗有爭議，但站在進化生物學的觀點來看，卻是很正確的生存策略。

第六章

共生的建議

雙方都能獲利的「共生關係」

如果只有吃與被吃，或是寄生的關係，最後恐怕沒人可以存活。只有單邊吃虧的寄生關係，只要歷史一久，就會變成雙方都能獲利的「**共生關係**」，這種生物界的常識是從進化生物學中學到的重要智慧。

可以不必具備的功能會造成浪費，所以被削減。如此一來，就必須兩者共同享有唯一的功能。常可以看到從寄生轉變為共生的生物關係。原本雙方為了必須共有的「某樣東西」而對立爭奪，造成無謂的浪費，因而許多生物在進化的過程中停止這樣的浪費。雙方共同擁有某樣東西，一同生存，這是多樣的生物得以共存的基本原理。

我們人類也應該重返這樣的基本原理。就算一開始是起源於寄生或歧視，但不能光只會互相憎恨，同歸於盡。早晚都要看出雙方如果不共有，就會同歸於盡的價值觀，探索出一條共生之道。必須得用進化生物學的觀點來學會這個方法才行。

這個基本原理，可用「唯有在損益關係上存活者才能進化」的原則來加以說明。

這點正是和被「人若犯我，我必犯人」這種情感所困住的人之間，最根本的差異之處。人們會因擁有情感而感到豐足。但也因為如此，而背負著對他人的憎恨。

生物的本能會相互競爭，為了生存而殺害對方，但不會因為厭惡或憎恨而殺害對方。若以進化生物學的觀點來思考，也可說是感情阻礙了正確的生存策略。

飛越杜鵑以外的窩

「那個人有神經病」，人們常隨口這麼說。但到底是不是真的有病，得看周遭的人們是否認為「那個人病了，很傷腦筋」。

有一齣在一九七五年公開播映的美國電影，名叫《飛越杜鵑窩》。故事內容描述主角為了逃離監獄，而裝病進入精神病院。雖然逃離了監獄，但對於醫院連對患者的人性都要管理，甚至想加以控制的這種態度，開始抱持質疑。而為了得到身為人的自由，他想和其他住院患者一起逃離醫院。這部電影以這樣的故事內容，讓人思考「管理」、「自由」、「責任」的含意。

我不是精神科醫生，但基於自身的體驗，我認為某人是否假裝有精神障礙，或是人格出了什麼問題，就算與當事人相識多年，一樣很難分辨。在公司裡如果真有什麼事令你討厭難耐，請醫生診斷判定你有憂鬱症，向公司告假，也是個方法。

大部分人都不想遭同事冷眼看待。對於一旦做了就永遠無法出人頭地的事，會感到躊躇不前。因此在管理社會中，敢做出反社會行徑的人少之又少。不過，當你發現這股壓力已嚴重到讓你迷失自我時，改為抱持寬大的心胸，心想「假裝也是一種處世之道」，或許也很重要。

宛如惡魔般的杜鵑策略

各位知道杜鵑鳥的巢寄生嗎？

杜鵑的母鳥會在別的鳥巢上產下自己的蛋，請別的親鳥代為育兒，此事廣為人知。讓世人明白巢寄生這種有趣現象的尼克・戴維斯教授（英國劍橋大學），是長期研究杜鵑的專家。

杜鵑的母鳥會在多達數十種以上的其他鳥類的鳥巢裡產卵，這大家都知道。趁著別種鳥的父母離巢的短短十秒左右的空檔，將巢裡原本有的一顆鳥蛋丟棄，產下自己的蛋。牠產的卵經過擬態，和別種鳥的蛋看起來一模一樣，所以親鳥回巢後，並不會發現那是杜鵑的蛋。

但是受其他親鳥養育，宛如惡魔般的杜鵑雛鳥，一從蛋中孵化，便會將養母的親生孩子一隻一隻的推落鳥巢，加以殺害。日本歌鴝和鶺鴒等鳥兒，就是身為寄主的被害者。

被害者們所生的蛋，像鶺鴒蛋一樣，白色中帶有褐色斑點。鳥的視覺很發達，比人類更能感應出多樣的色彩。但杜鵑產下和鶺鴒一樣的蛋，所以很遺憾，成為苦主的親鳥無從區分。

杜鵑的雛鳥也一樣，當牠顯露出真面目時，一切也都宣告結束。源自於寄生的這種杜鵑策略的進化，進一步讓我們懂得人類該學習的共生之道。

巢寄生和沒個性的上班族

寄生者杜鵑產下的蛋，和自己周遭寄主所生的蛋極為相似。而從杜鵑的蛋中孵化的雛鳥，得比寄主的蛋更早孵化，這點很重要。因為提早孵化的杜鵑雛鳥，會將幾顆寄主的蛋推出巢外。

被寄生的可憐親鳥，不知道鶵鳥當中有一隻是杜鵑（外人）的孩子，而拚了老命餵養這隻雛鳥。

前面提到，有許多種鳥都成了被害者，不過就像人們常說的「人若犯我，我必犯人」，有的被害者可沒那麼輕易就認輸。這與杜鵑鎖定的被害者受害的歷史長短有關。競爭歷史較長的鳥兒們，也讓自己的對抗策略進化。就像軍備競賽一樣。

舉例來說，與杜鵑的競爭歷史漫長的褐頭鷦鶯，會刻意產下呈現多種顏色和花紋的蛋。因此，牠們的親鳥會從中辨識出杜鵑和自己的蛋，一旦辨識出杜鵑的蛋，就會將牠推出鳥巢。而把蛋寄生在這個鳥巢中的杜鵑，同樣不肯就此認輸，甚至連策略也跟著進化，產下和寄主很相似的各種花紋的蛋。

這是馬丁・史蒂文斯（Martin Stevens）博士（英國艾希特大學）等

人於二〇一二年提出的報告。博士他們發現，成為杜鵑巢寄生目標的麻雀，因為時間還不夠長，甚至連顏色完全不同的杜鵑的蛋也無法辨別。而現在，當杜鵑巢寄生的歷史愈長，被害者的親鳥們的辨別能力也會愈發達。

那麼，為何被害者的親鳥們無法輕易辨識杜鵑的蛋呢？我們來思考其原因吧。

假設被巢寄生的親鳥們生了四顆蛋，而親鳥隨便丟棄其中一顆蛋。當巢裡沒有杜鵑時，丟了一顆蛋，還有三隻雛鳥會長大。但如果巢中有杜鵑的話，一旦杜鵑的雛鳥先孵化，自己的蛋可能都會被推出巢外，所以要是先丟棄一顆蛋的話，反而比較恰當。

根據專門研究杜鵑的戴維斯教授實際在野外觀察的結果，發現有三成的比例，身為被害者的親鳥誤丟自己所生的蛋。這時候，在杜鵑雛鳥惡魔般的行徑下，最後親鳥自己的雛鳥連一隻也無法長大。但有七成的比例，成功丟棄杜鵑所生的蛋。在這種情況下，自己所生的三隻雛鳥都能長大離巢。
換句話說，七成×三個＝二．一隻雛鳥平安長大。因此，當受到杜鵑的威脅時，雖然無法加以辨別，但任意選一顆蛋捨棄的策略卻能在自然界中維持下去。
而在澳洲進行巢寄生的杜鵑，被人發現更驚人的事實。牠們不光是蛋，就連雛鳥的模樣也和被害者的鳥兒長得如出一轍。在澳洲，淪為杜鵑寄生目標的可憐被害者，是屬於雀形目的鶯。
光看我這樣寫，或許會覺得杜鵑是宛如惡魔般的詐欺師。但杜鵑就是這樣徹底騙過其他鳥兒，以此求生存，學會這套策略。當真是為了生存，完全不顧形象。
就算被安排到一個意想不到的部門，但在可以自立離巢之前，就得乖乖接受做為每天食糧的薪水（食物），保持低調，默默完成自己的工作量，努力生存下去才行——不小心腦中浮現上班族的身影，會不會太失禮？不過，為了成功度過考驗，在這段時間捨棄個性和自我展現，也是一種方法。

進化教會我們明白，為了活命，有時裝模作樣，讓自己顯得沒個性，也是很重要的。

妥協正是進化的產物

因為自己所生的雛鳥曾經被杜鵑的雛鳥推出巢外，因而燃起復仇心，找杜鵑打架，這樣絕對無法活命。與其全部的蛋都被推出巢外，不如宿主自己進化，想辦法讓自己的雛鳥長大的機率提高，得以生存，這才是生物界的原則。

被推出巢外的雛鳥，不管再怎麼掙扎也回不來。既然這樣，在牠被推出巢外時，採取備案以求存活，就整體來看還是比較有利，這也是一種另類想法。

對杜鵑來說，只要能染上「造訪處」的顏色，就不會有問題了。

反過來看，在現今的日本公司，正式員工、非正式員工（契約、派遣）、打工人員，各種身分的人都在一起工作。如果不想增加公司員工，就得增加非公司員工，削減人事費，單純將工作的人看作是成本，這股風潮正四處蔓延。照理來說，在同公司工作的人，全都是勞工，理應沒任何差別才對。但站在經營者的立場，正式員工就像自己親生的孩子，至於其他人則像是寄生的杜鵑。但正如同真正的杜鵑寄主所教導我們的道理一樣，不刻意去區別彼此，全都當作是「自己的孩子」加以養育，這才是全體最適合的生存方式，而這正是現實。

與其展開軍備競賽，不如以這種妥協方式來維持某種平衡狀態，這樣的想法能說明各種現象，這也是前一章介紹過的扎哈維教授所提出的主張。教授對於小嘴烏鴉不刻意對抗杜鵑寄生的理由，提出兩個假設。這種杜鵑就算先破殼而出，也不會將烏鴉所生的雛鳥全部推落鳥巢，這是其重點。

第一個假設是，有育兒經驗的烏鴉夫婦，比沒經驗的年輕烏鴉夫婦能養育更多雛鳥，在這項事實中帶有提示。如果是經驗豐富的夫婦，可以為了育兒而擁有更大的地盤，這樣也就能擁有餘裕。

其實這種杜鵑的雛鳥與烏鴉的雛鳥長得一點都不像，明明是別人家的孩子，但在烏鴉的鳥巢裡，卻叫得比烏鴉的親生孩子還大聲，吵著要食物吃。

孩子大聲叫，烏鴉父母可就傷腦筋了。因為會對烏鴉的雛鳥下手的鵰或老鷹這類的猛禽，要是聽到聲音，可能就會攻擊烏鴉的孩子。身為別人家孩子的雛鳥，藉由採取這種背負風險的行動，成功向養父母要到更多食物。在這種育兒方式下，有餘裕而且關係緊密的養父母雖然不多，但就結果來看，比較容易讓自己的孩子平安長大離巢。

另一方面，經驗較淺的年輕夫婦，或許無法養育太多雛鳥。而且要是杜鵑的雛鳥將其他孩子全都推出巢外，伴侶關係或許會就此瓦解，引發「離婚危機」。不過烏鴉隔年一樣會養育下一代，就算只有一隻也好，只要能養育自己的雛鳥，就能免於離婚的危機，而且年輕夫婦累積經驗後，隔年能建立更大的地盤，這樣就能讓更多自己的雛鳥長大離巢。

烏鴉完全沒有「憎恨養子」這種情感。不是殺了養子，而是和自己親生的孩子一起養育，進化選中這樣的父母，讓牠們得以存活下來，這是扎哈維教授的看法。

另一項說明，則常見於宿主與寄生者的關係中。明知對方是寄生者，卻無法防範其寄生行為的生物，有附身在老鼠身上的原蟲，以及在毛毛蟲體內產卵的寄生蜂。

這項說明的要點是，身為寄生者的杜鵑如果遇上會殺害杜鵑雛鳥的烏鴉，就會記住牠們的鳥巢，有可能將巢裡的雛鳥全部吃光。也就是說，烏鴉或許是刻意允許這種巢寄生的行為，以防這種情形發生。如果孩子全被殺光後，親鳥再度繁殖，這種現象可能就會變得很普遍。因為杜鵑可能又有機會趁著親鳥繁殖時，產下自己的蛋。

杜鵑讓烏鴉提供養子生活的場所，烏鴉就算會犧牲一些自己的雛鳥，卻仍舊肯養育養子。這與人類社會各地的「非法交易」得以存在的理由很相似。為了守護黑社會，向商人索討保護費，以此維生的人，就像這樣。社會極力想消除這樣的體系，但事實上卻一直重複上演。如果只是一直重複上演倒還好，但要是有不懂這套體系規矩，懷有惡意的新人集團加入這個圈子，就會引發麻煩的問題。

這種像是漫畫或小說題材的關係，真的會發生在野生的鳥兒身上嗎？它確實存在，二〇一一年在西班牙被人發現。扎哈維教授說得一點都沒錯。

杜鵑成了保鑣？

關於杜鵑巢寄生的研究，從二〇一一年以來，陸續傳出新發現，讓全球的動物行為學者為之震驚。主要是西班牙的研究學者所發現。

棲息於日本的杜鵑雛鳥，會將宿主的雛鳥全部推出巢外，所以對宿

躲起來的杜鵑
是哪一隻？

主來說，杜鵑是不折不扣的寄生。但棲息於西班牙的大斑鳳頭鵑當中，有的只會將幾隻宿主的雛鳥推出巢，最後仍會留下幾隻活口。

宿主小嘴烏鴉的雛鳥，其天敵是烏鴉。而令人驚訝的是，產在宿主巢中的大斑鳳頭鵑的雛鳥，身體會散發出天敵討厭的臭味。因此，杜鵑巢寄生的鳥巢，非但不會遭受烏鴉的攻擊，也不會被鷹或是老鷹這類的天敵襲擊。

對小嘴烏鴉來說，杜鵑是敵人來襲時的保鑣。這麼一來，宿主和寄生者雙方都會有好處。這時小嘴烏鴉和杜鵑的關係，從「**寄生**」轉化為「**共生**」。

另外，在伊比利半島的其他地方甚至發現，巢寄生的杜鵑雛鳥會啄食附著在宿主雛鳥身上的寄生蟲，讓這種清掃的行動進化。這是二〇一一年的發現。在這種情況下，被巢寄生的鳥巢，與沒被巢寄生的鳥巢相比，有更多雛鳥平安長大離巢，雙方建立了共生的關係，不再對立。

為什麼在某些地方的杜鵑會展開不給對方任何好處的寄生，而在其他地方則能共生呢？

這個謎團至今尚未解開。可能是在共生關係進化，宿主與杜鵑和平共處的地區，由於營養條件好，所以才產生可以讓彼此共生的餘裕。而且在天敵攻擊頻繁的場所，稍微寄生一下無妨的關係無法成立，因而出現唯有共生才會對雙方帶來好處的情況。

說到杜鵑為何會產生這種共生關係，有研究者認為，這是因為宿主和巢寄生的杜鵑長期以來一直保有這種關係，因而進化成這種特殊的共生關係。

建立共同的外敵，內部就會團結。如果是人類社會的組織，甚至會刻意利用共同敵人來加強內部團結。不過，人類有時會刻意操作憎恨這種情感而這麼做。沒有憎恨這種情感的生物，不論是寄生者還是被寄生者，都只是秉持讓自己得以存活的生物原則，而對天敵這個第三者採取這種手段罷了。

寄生的關係，透過建立共同的敵人，總有一天能成為共生。

此外，有時儘管沒有共同的敵人，但如果寄生者和宿主都倚賴同一個對象，最後就非得要有這個對象在才能生存。

粒線體和腸內細菌

我們人類如果沒有共生，便無法存活。此事得追溯到十八億年前，遠得超乎想像的遠古時代。當時地球上還沒有細胞中具有細胞核的真核生物，只有細菌或藻類這種沒有細胞核的生物。

我們為了跑步、行動，會藉由呼吸來吸取氧氣，而在轉化二氧化碳的過程中所產生的能量，是由粒線體這種存在於細胞中的器官所製造。植物則是由葉綠體進行光合作用產生能量。如果沒有粒線體和葉綠體，動植物就不可能進化。

十八億年前，我們遠古祖先有的被具有呼吸能力的細菌寄生。由於牠能將地球上充沛的氧氣轉化為能量，所以對生存相當有利。將這個寄生者當作粒線體，納入細胞中，締結共生關係的，就是我們的祖先真核生物。

而會行光合作用的藍綠藻在細胞內共生後，形成葉綠體，就此造就出植物。粒線體和藍綠藻透過在細胞內共生，能更有效率的產生能量，留下子孫，這種共生關係，成功地在地球上打造出繁華榮景。

這是美國的生物學者琳．馬古利斯（Lynn Margulis）於一九七〇年提倡的「細胞內共生說」，相當有名。在ＤＮＡ解析技術的進步下，如今已得知細胞核內的基因和粒線體的基因各有不同的起源，證實了這項說法的可信度。

也就是說，如果沒有從寄生轉變為共生的這項活動，我們人類以及現今在地球上欣欣向榮的絕大部分生物，都將無法存在。

此外，棲息在我們腸道內的「腸內細菌」，也是我們生活中不可或缺的寄生者。牠們原本是寄生菌，不知從什麼時候開始，轉變為共生，現在如果沒有腸內細菌共生，有許多食物我們都無法消化，也就無法生存。

每個人各有不同，不光皮膚和眼瞳的顏色不同，想法和習慣也截然不同，同樣的，各種生物當然也都彼此互異。不同的生物會與能對彼此帶來好處的對象建立相互依存的關係，而在進化的過程中生存下來。

怎樣也切不斷的關係最好

每個人當然想法和成長背景都各有不同。因此，會因為利害關係而意見對立，也是理所當然。你是要將它視為對立，與它相抗，或是認同彼此的差異，接納好的部分，朝相互依存的方向走呢？進化生物學明白的告訴我們這兩種走向最後的結果。

對立所造就的，是新的生物誕生和滅絕一再反覆的歷史。而相互依存的共生，則能構築出繁榮的歷史。

進化生物學向人類提出「共生的建議」。就算一開始是寄生，但是當彼此的利害關係達到「怎麼也切不斷」的程度時，與其走上對立之路，還不如走共生之路，更能符合進化生物學的原則。

而真正棘手的，其實是人類所抱持的憎恨和嫉妒這類的情感。人以外的其他生物沒有憎恨的情感，當牠們吃虧時，會用自己所能採取的備案來因應。也就是說，唯有採取這種行動的生物，才能在嚴峻的天擇過程中存活。

那麼，憎恨這種情感為何能進化呢？這或許是擁有情感的人類歷史以及戰爭中的勝者所造就而來。但順著這樣的歷史走下去，未來只有滅絕一途。或許也能說這是在測試，看我們這些讓道德和情感一起進化的人類，能否在進化的過程中存活。

不懂得向共生的建議學習的人類，不會有未來，唯有不具任何道德和情感的生物以勝者之姿存活的世界，將再度來臨。

結語

為了不讓人吃了自己，積極地往前走吧。對你而言，獵食者並不光只有公司裡的上司。你腦中的記憶體早晚有一天會被繁不可數的資訊占光。就連資訊也可能會成為獵食者，吃掉你名為「時間」的財產。要成為一名好的資訊搜尋者，經驗和學習顯得尤為重要，這就是本書一直說明的進化生物學真相。

好好對自己現在活在這世上心存感謝吧。你現在能「存在」，真的很「不容易」。

會被獵食的動物，無暇回頭往後望。能擁有現在這個時刻，就要謝天謝地了。所以與人見面時，要盡情歡笑，悲傷時要盡情哭泣。這樣的瞬間還是很快樂。人類恐怕是這世上唯一能以個體的身分，自己自由選擇死亡的物種。當然了，人早晚都會獨自死去。而在那之前，先做這樣的選擇難道不行嗎？

當你腦中驀然浮現這個念頭時，請試著回想本書所介紹的那些為了逃離敵人的追捕，儘管醜態百出，卻仍好端端活在世上的生物們。想想那些打從誕生的那一刻起，就得背負謊言活下去的擬態生物們。想想那些沒有道德感，一直都默默生存的生物們。沮喪、羨慕這類的情感，只有人類才有。同時，能懷抱明日的目標和未來夢想的，也只有人類。

現在我們能活在這世上，全是透過進化的時間尺，得到「避免被獵食的智慧」之集大成所賜。

本書是採用進化生物學的觀點來思考「就算將道德擺一邊」，也能生存保命的智慧。

近來常有人高喊道德淪喪。在我們的國家，該由誰來教導道德，已成為國家層級的課題。但如同本書所說明的，生物是擬態的高手，而我們人類也是偽裝的天才。如果養育的全都是打從懂事起就會偽裝道德的人民，那可就傷腦筋了。生物不光只靠遺傳，也會透過經驗和學習而有大幅改變，這項事實經過現代的進化生物學得到證實，是我們很重要的資產。唯有親身體驗後學會的道德，才是真正的道德，不是嗎？

如果道德光說不練，在這世上就行得通，這教人如何能接受。只有人類才擁有這得來不易的道德，要如何加以使用，也得視人類而定。

能超越世代遺傳下來的，並非只有DNA。人們與你息息相關的生活方式，會深植在你心中，左右你今後的生活方式。而你的想法也一樣，就算不會留在基因中，也能流傳後世。

不同於基因，思想和文化是透過某種進化的機制進行取捨選擇，流傳給後人。先人的教誨深植在你的想法中，而你又將它傳給景仰你的人。這樣的層層累積，有時會創造出文化。

除了從部分的類人猿身上可以看到很基礎的技術傳達外，能擁有文明的生物也就只有人類了。有時也會傳向不好的方向。發展至極致，就成了戰爭或憎恨的思想，至於其極致的反面，則是本書介紹的「共生的建議」。

原本想成為研究者的我，後來從事名為教育者的職業。坦白說，我總覺得「教育」一詞有點狂妄，不太喜歡。我想改用「**傳育**」一詞，「想法」可以傳達給別人。我們得從先人的各種教導中，看出什麼才最為合適，加以學習，並自行培育此種能力。

傳育的效果，絕不是短短數年就能展現。它的效果至少也要十年後，或是數十年後才會明白。沒人會想給予評價，如今這世界資訊氾濫，但都看近不看遠。接受這種資訊傳遞的人們該如何生存下去呢？是不是只要製作一本指導手冊就沒事了呢？當然沒這麼簡單。現在需要的是能將流傳下來的「知識」當作「智慧」，讓它加深加廣的人。而這一切也都得要活著才辦到。因為有明天，所以才有希望。

眼前的工作該什麼時候做？是這樣就做決定，還是該馬上檢討呢？和上司該如何應對？你的辛勤努力會不會只是白忙一場？話說回來，你是為了什麼目的，這麼認真打拚？

閱讀過本書的你，想必很清楚吧。當你覺得不知如何是好時，希望能想起那些被敵人（上司）吃掉的眾多生物（部下們）所做的行動，重新站在生物的原點，以進化生物學的觀點加以思考。

生物的原點，就是「活下去，延續生命」。

在撰寫此書時，需要許多書籍和文獻的知識。這裡沒有足夠的空間可以一一列舉，不過，如果您想知道詳細的出處，請上（http://www.agr.okayama-u.ac.jp/LAPE/KPaSaki）瀏覽。今後這個網站將會為想學習進化生物學的人們介紹參考書。

之前承蒙許多人的關照。在甲蟲裝死的研究方面，承蒙有共同研究者中山慧先生、中島修平先生、佐佐木謙先生、守屋成一先生、田渕研先生、西優輔先生、大野龍典先生，以及許多畢業研究生的努力，還有給予協助的工藤慎一先生、小汐千春小姐。而在撰寫此書時，還向畑生俊光先生、宮竹紗弓小姐、橫井智之先生借助他們的智慧。村上誠先生（講談社），受您多方關照了。在此一併向各位致上萬分的謝意。

二〇一四年三月　宮竹貴久

國家圖書館出版品預行編目資料

拖延・裝死・寄生 史上最強職場求生術 / 宮竹貴久作 ; 高詹燦譯 . -- 初版 . -- 臺北市 : 平安文化, 2018.05 面 ; 公分 . --（平安叢書 ; 第 594 種）（邁向成功 ; 71）
譯自 :「先送り」は生物学的に正しい 究極の生き残る技術
ISBN 978-986-96077-7-3（平裝）

1. 職場成功法 2. 動物行為

494.35 107005224

平安叢書第 594 種
邁向成功叢書 71

拖延・裝死・寄生
史上最強職場求生術

「先送り」は生物学的に正しい
究極の生き残る技術

作　　者—宮竹貴久
譯　　者—高詹燦
發 行 人—平雲
出版發行—平安文化有限公司
台北市敦化北路 120 巷 50 號
電話◎ 02-27168888
郵撥帳號◎ 18420815 號
皇冠出版社（香港）有限公司
香港上環文咸東街 50 號寶恒商業中心
23 樓 2301-3 室
電話◎ 2529-1778　傳真◎ 2527-0904
總 編 輯—龔橞甄
責任編輯—蔡維鋼
美術設計—王瓊瑤
著作完成日期— 2014 年
初版一刷日期— 2018 年 05 月

法律顧問—王惠光律師

讀者服務傳真專線◎02-27150507
電腦編號◎368071
ISBN ◎ 978-986-96077-7-3
Printed in Taiwan
本書定價◎新台幣 300 元 / 港幣 100 元